现代土木工程施工
与测绘技术研究

刘雪梅 朱楠 何娜 ◎著

XIANDAI TUMU GONGCHENG SHIGONG
YU CEHUI JISHU YANJIU

中国出版集团

中译出版社

图书在版编目（CIP）数据

现代土木工程施工与测绘技术研究／刘雪梅，朱楠，
何娜著. -- 北京：中译出版社，2023.12
　　ISBN 978-7-5001-7708-1

　　Ⅰ.①现… Ⅱ.①刘… ②朱… ③何… Ⅲ.①土木工
程-工程施工-研究②土木工程-工程测量-研究 Ⅳ.
①TU7②TU198

中国国家版本馆 CIP 数据核字（2024）第 022055 号

现代土木工程施工与测绘技术研究

XIANDAI TUMU GONGCHENG SHIGONG YU CEHUI JISHU YANJIU

著　　者：刘雪梅　朱楠　何娜
策划编辑：于　宇
责任编辑：于　宇
文字编辑：田玉肖
营销编辑：马　萱　钟筱童
出版发行：中译出版社
地　　址：北京市西城区新街口外大街 28 号 102 号楼 4 层
电　　话：（010）68002494（编辑部）
邮　　编：100088
电子邮箱：book@ctph.com.cn
网　　址：http://www.ctph.com.cn

印　　刷：北京四海锦诚印刷技术有限公司
经　　销：新华书店
规　　格：787 mm×1092 mm　1/16
印　　张：13
字　　数：259 千字
版　　次：2025 年 1 月第 1 版
印　　次：2025 年 1 月第 1 次印刷

ISBN 978-7-5001-7708-1　　定价：68.00 元

前　言

随着科学技术的发展和进步，信息技术、数字技术都得到了空前的发展。在当今世界，经济全球化的发展趋势也势如破竹，推动经济全球化的动力则来源于信息技术和信息产业，伴随着信息时代的发展，我国的传统土木工程施工与测绘技术也迈向了数字化、信息化时代，新技术的出现对现代土木工程建设的影响愈来愈大。

土木工程活动是人类适应与改造自然生态环境的重要生产活动之一，而土木工程的施工以及现场测量工作则是其质量和寿命的决定因素。在现代土木工程活动开展过程中，土地测绘工作具有基础性的作用，同时也是土地管理工作的核心内容之一。工程测绘技术作为行业中不可或缺的工程检测与数据测绘手段，通过不断应用新兴技术，工程测绘技术得到长足的发展。目前，现代工程测绘技术仍是建筑工程与土木作业中使用的主要数据获得技术。

本书是土木工程方向的书籍，主要研究现代土木工程施工与测绘技术，本书从土木工程概述介绍入手，针对土木工程的内涵、土木工程材料、土木工程的基本结构形式进行了分析研究；另外对土方工程、钢筋混凝土工程、桩工程与砌筑工程做了一定的介绍；还剖析了建筑工程与路线工程测量以及管道、桥梁和隧道工程测量等内容。本书论述严谨，结构合理，条理清晰，内容丰富，力求对现代土木工程施工与测绘技术研究有一定的借鉴意义。

在本书撰写的过程中，我们得到了很多宝贵的建议，谨在此表示感谢。同时参阅了大量的相关著作和文献，在参考文献中未能一一列出，我们在此向相关著作和文献的作者表示诚挚的感谢和敬意，同时也请读者对撰写工作中的不周之处予以谅解。由于作者水平有限，加之时间仓促，书中难免会有疏漏不妥之处，恳请专家、同行不吝批评指正。

作者

2023 年 10 月

目　录

第一章　土木工程概述

第一节　土木工程的内涵

一、土木工程定义与属性

（一）土木工程的定义

土木工程是工程学科之一，是指用砖石、砂浆、水泥、混凝土、钢材、钢筋混凝土、木材、塑料、铝合金等建筑材料修建房屋、道路、铁路、桥梁、隧道、堤坝、港口、机场等工程的生产活动和工程技术。生产活动是指各类工程从无到有的整个过程中所涉及的勘察、设计、施工、保养、维护等活动，因为在生产活动中会运用到各类相关技术，因此工程技术也是土木工程中的重要部分。

土木工程也是一门独立学科，在高校中划分为一级学科。土木工程学是指运用数学、物理、化学等基础学科知识，力学、材料学等技术学科知识以及土木工程方面的工程技术知识来研究、设计、修建、维护各种建筑物和构筑物的一门学科。建筑物是指供人们进行生产、生活或其他活动的房屋或场所，如工业建筑、民用建筑、农业建筑、铁路建筑等。构筑物是指人们一般不直接在其内进行生产、生活的建筑物，如烟囱、堤坝、蓄水池、谷仓等。

（二）土木工程的属性

1. 综合性

一项工程一般需要经过可行性研究、勘察、设计、施工、养护等几个基本阶段，涉及工程地质勘察、水文地质勘察、工程测量、土力学、工程力学、工程设计、建筑材料、建筑设备、建筑电气、工程机械、建筑经济、工程检测加固等学科，并且会广泛运用到工程施工技术、施工组织、工程管理等领域的相关知识，因此土木工程具有明显的综合性。随着土木工程技术的实践和发展，土木工程学科的内涵更加丰富，涉及面更广，逐渐成为一个综合学科体系。

目前土木工程已经发展出许多分支学科，如房屋工程、道路工程、桥梁工程、隧道工程、铁道工程、港口工程、地下工程、给排水工程、市政工程、建筑电气工程、建筑智能化工程、水利工程、防灾减灾工程等。其中部分分支学科如水利工程，由于自身工程对象的不断增多以及专项科学技术的发展，已经从土木工程中分化出来成为独立的一级学科体系，但是这些学科体系在很大程度上具有土木工程的共性，在实践过程中也是相互交融，无法完全独立。

2. 社会性

土木工程是伴随着人类社会的进步而逐渐发展起来的，所建造的各类工程设施能够反映出各个历史时期的社会、经济、文化、科学、技术的发展情况，是社会发展的活化石，因此土木工程具有明显的社会性。远古时代，人们就开始修建各类简陋的房屋、道路、桥梁、沟渠，以满足生活和生产需要。人类为了适应战争、生活、生产等的需要，兴建了城池、运河、宫殿、寺庙以及各种其他建筑物。许多著名的工程设施显示出人类在当时那个历史时期的创造力，例如我国的长城、都江堰、大运河、赵州桥、应县木塔，埃及的金字塔，希腊的帕特农神庙，罗马的给水工程、科洛西姆竞技场等。

工业革命之后，社会向土木工程提出了新的需求，同时社会各个领域的发展也为土木工程的发展提供了良好的条件，例如建筑材料工业化生产、机械和能源技术以及设计理论的进步，都为土木工程的迅速发展提供了材料和技术上的保证。在这个土木工程突飞猛进的发展时期，在世界各地出现了规模宏大的现代化工业厂房、摩天大厦、核电站、高速公路、铁路、大跨径桥梁、大直径运输管道、超长隧道、现代化运河、大堤坝、现代综合机场、大型港口等。现代土木工程不断地为人类社会创造崭新的生活和工作环境，成为人类社会发展的重要推手，也成为人们生活的重要部分。

3. 实践性

土木工程是实践性很强的学科。早期的土木工程是通过工程实践总结经验，在不断摸索中发展起来的。从17世纪开始，近代力学同土木工程实践相结合，逐渐形成了材料力学、结构力学、流体力学、岩石力学等学科，这些力学成为土木工程发展的理论基础，土木工程才逐渐由经验发展成为科学。但在土木工程的发展过程中，工程实践经验常常先于理论发展，工程实践常常会出现新的因素，从而触发新的理论的研究和发展。虽然工程理论已经发展了几百年，至今工程实践的很多方面都还保持着对经验很高的依赖，需要在理论方面进行更多的发展和补充。

工程技术的发展之所以主要凭借工程实践而不是凭借科学实验和理论研究，有两个原因：一是客观情况过于复杂，难以进行室内试验或现场测试、理论分析。例如：地基基础、隧道及地下工程的受力和变形是随着时间发生变化的，至今还需要参考工程经验进行分析、判断。二是只有进行新的工程实践，才能揭示新的问题。例如，建造超高层建筑、大跨径桥梁时，突出了工程抗风和抗震问题，这时才能发展出抗风和抗震方面的新理论和新技术。

4. 技术、经济、艺术的统一性

人类对先进技术的追求从未止步，工程师总是追求能用最先进的技术解决建造过程中遇到的各种问题，以求得到最完美的效果。技术的先进性体现在一项工程建设的整个过程中，包括管理技术、设计技术、建造技术、维护技术等。工程技术的进步是与相关学科的进步一起的，只要工程建设还在持续，技术的进步就会持续，永无止境。

追求经济性也是建设过程的重要目标之一，通过先进的管理技术、设计和建造技术可以在很大程度上减少浪费、提高效益，从而减少成本。经济性包括减少时间成本、管理成本、材料成本、设计成本、维护成本等。现在的工程成本更加体现出全寿命周期成本的概念，更加追求各项成本综合最优。

建筑的美观与否越来越成为评价建筑的重要标志，尤其是一些地标性建筑，美观性往往放在第一位。高度艺术性的建筑可以给人以美的享受，整体提升其地域的整体形象，并能在很大程度上促进和拉动周围相关商业繁荣和影响力提升。艺术包括建筑的造型、空间运用、材料运用、文化符号运用以及与周围环境协调性等，艺术没有边界，只有更美。

现代的土木工程追求的是技术先进、安全可靠、成本最优、艺术美观，力求在技术、安全、成本、艺术方面达到综合最优，这也是现代土木发展的活力之所在。相信通过各位土木工程师的努力，未来会有更多在技术、安全、成本、艺术上高度统一的工程展现在大家面前。

二、现代土木工程

（一）土木工程功能化

土木工程功能化是指工程设施与其使用功能或生产工艺紧密地结合在一起。现代土木工程已超出了它的原始意义的范畴，随着各行各业的飞速发展，其他行业对土木工程提出了更高要求，土木工程必须适应其他行业的发展需求。土木工程与其他行业的关系越来越密切，它们相互依存、相互渗透、相互作用、共同发展。

所有建筑要求将建筑空间布置、结构设计、建筑外观、内部装饰、采暖、通风、给水排水、供电、天然气等统一考虑，协调处理，力求一个建筑在满足基本空间功能的同时，能够提供满足工作、生活舒适性必要的功能，或提高生产效率的必要设施。功能化的建筑在设计、修建、维护等全寿命周期的过程中考虑得更加全面，追求单位空间内产生更大的效益。关于如何把建筑空间布置等元素统一协调是一门很深的学问，没有唯一答案，仁者见仁，智者见智，相信未来随着科技的发展，会创造出更加符合需求的建筑。

工业建筑物围绕生产工艺在功能要求方面越来越高，并向大跨度、超重型、灵活空间方向发展。工业建筑物主要是为生产提供服务，现代工业建筑要求其能够适应现代生产工艺的需求，一般要求其能够提供更大的工作空间，能够灵活布置各类设备，能够承受各类荷载的长期循环作用，具有很高的耐久性。

（二）城市建设立体化

城市建设历来都是土木工程的集中地，城市拥有最大的建筑需求，有最先进的施工技术，有最复杂的工程背景。随着城市人口越来越多，建筑越修越密，城市越来越拥挤，城市的建设逐渐从平面向空间发展，力求城市空间从平面二维向空间三维拓展。关于城市建设立体化主要体现在以下几个方面。

1. 高层建筑大量兴起

由于城市人口大量集聚，密度猛增，用房紧张，地价昂贵，建筑向空间发展。世界各地的超高层建筑不断刷新天际线，争先恐后突破建筑新高度。自 1973 年美国芝加哥建成 443 m 的西尔斯大厦超过 1931 年建成的纽约帝国大厦开始，世界掀起了建设超高层建筑的高潮。

美国一些城市和我国香港、上海以及新加坡、吉隆坡等人口聚居地超高层建筑最多，其中香港已经成为世界超高层建筑最密集的城市，维多利亚港的超高层建筑群俨然成了香港重要的旅游景观。比较著名的还有迪拜塔（又称哈里法塔）、马来西亚国家石油公司双子星（又称石油双塔）、纽约世贸大厦、上海陆家嘴建筑群、台北 101 大厦等。

2. 地下工程快速发展

20 世纪末在东京召开的城市地下空间国际学术会议通过了《东方宣言》，提出了"21 世纪是人类开发利用地下空间的世纪"。瑞典、挪威、加拿大、芬兰、日本、美国和俄罗斯等国在城市地下空间利用领域已达到相当的水平和规模。印度、埃及、墨西哥等发展中国家也于 20 世纪 80 年代先后开始了城市地下空间的开发利用。向地下要土地、要空间已经成为城市化进程中的发展趋势，也是衡量城市现代化的标志。

各国热衷于开发地下空间，有几方面原因：

（1）地下岩土具有较好隔热性

试验表明：地面以下 1m，日温几乎不会变化；地面以下 5m，室内气温常年稳定。良好的隔热性可以更好地节约能源，维持周围环境温度的稳定。

（2）地下空间方便储存各类材料

由于地下温度、湿度较为稳定，对温度和湿度敏感的材料，地下空间可以在耗费较少能源的情况下方便储存。

（3）地下空间可以有效解决交通拥堵问题

世界城市化进程还在加速，更多人口涌入城市成为市民，交通拥堵已经成为世界各大城市的顽疾。车辆越来越多，道路越来越宽，但是交通还是非常拥堵，把传统的平面交通拓展为三维交通就成为必然选择。新建建筑大多设置了地下停车场，地下停车场的层数取决于周围交通量，把更多的车辆转移到地下，把宝贵的地面空间用于绿化，更好地美化环境。地下道路主要以下穿隧道的形式存在，可以有效避免地面车流的平面相交，减少或取消红绿灯等待，没有了交叉车流和人流的干扰，极大地提高了行车效率。地铁系统很好地解决了地面公共交通缓慢拥堵问题，从北京1号线开通以来，中国开始了地铁时代，乘坐地铁已经成为市民出行最主要的公共交通手段之一。我国地铁建设时间晚，城市规模大，因此全国各大城市的地铁建设正在如火如荼地进行中，还将持续20年左右的建设高峰。

（4）地下空间可以优化城市空间

各大城市都选择把以往放在地面的各类市政管线放入地下，不仅减少其占用空间，还美化了周围城市空间，提高了城市形象。但是随着管线的增多和老化，各类市政管线需要维修和养护，埋入地下的各类管线就非常不便，地下综合管廊的出现可以成功地解决这个问题。地下综合管廊是指将市政相关各类管线都放进地下隧道中，以方便管线的安装、管理、维护，尤其是为自动化管理提供了基本条件。

（5）地下空间具有较强的抗灾性

以往各类自然灾害表明，地下空间受自然灾害的影响比地面要小，因此地下空间可以作为应急场所存在。同时地下空间为战时提供防空空间，减少空袭损失。

3. 城市高架、立交大量涌现

城市空间的拓展除了向地下发展，也向地上、空中发展。空中交通相比于地下交通设计、施工、管理较为简单，且投资较少，因此为减少地面拥堵修建了许多高架桥、立交桥。高架桥一般选择修建在已有道路上方，把桥墩设置在绿化带上，以减少地面空间占用。高架桥一般不设置红绿灯，是城市快速交通的主要形式。立体交叉是相对于平面交叉而言，由于把交叉道路在空间上相互错开，避免了不同方向车流、人流的相互干扰，极大地提高了通行效率。一般来说，高架桥和立交桥都是相伴而生的，都是城市快速交通的重要组成部分，因此各大城市都修建了各式各样的高架桥、立交桥，呈现出丰富多彩的立交文化。

（三）交通运输高速化

时间就是成本，现代运输更加追求运输高效，对运输的速度要求不断提高。为了适应运输对速度的要求，出现了高速公路、高速铁路、超长隧道等现代化的高速运输形式。

1. 高速公路大规模修建

高速公路相比于传统普通公路，具有以下几个特点

（1）专供汽车行驶

由于只供汽车行驶，没有行人和其他慢行交通干扰，便于高速行驶。

（2）双向分离行驶

为减少双向车辆的相互干扰，确保行车安全，在中间设置了绿化带或分隔带。

（3）全部立体交叉

立体交叉的目的是取消红绿灯，实现连续运行，提高车辆速度。

（4）全部控制出入

为了避免其他车辆和行人进入高速，高速公路设置了专用的出入口，便于进出车辆管理，确保行车安全。

（5）高标准设计、修建和维护

为了实现车辆高速行驶，高速公路在道路设计、修建和维护整个过程都采用最高标准，从而确保道路质量和行驶安全与高速。

由于高速公路具有传统公路无法替代的优势，世界近百个国家修建了高速公路，为人类文明进步和社会发展做出了巨大贡献。

2. 高速铁路的建设与发展

高速铁路是相对于传统普速铁路而言的，不同国家对高速铁路的速度限制没有统一标准，但一般认为时速应超过 160 km。高速铁路具有速度快、自动化程度高、舒适性高等诸多优点，极大压缩出行时间，加快各个地区的联络。

我国高速铁路已经初具规模，在国内加紧建设的同时，正积极走向国际市场，尤其是"一带一路"沿线国家，相信未来中国高铁会为更多的国家和地区带来高效、便捷的运输服务。

3. 长距离海底隧道出现

道路跨越海峡有三种方式：桥梁、隧道、桥隧结合。不同的形式各有优缺点，这里不详细讨论。超长海底隧道一般适应海峡水深较大、海况恶劣的情况，虽然水下施工难度较大，投入也较多，但可以保持运营环境稳定，不受水深和海况影响，提供较为舒适的驾驶环境。世界上修建海底隧道的地方多集中在发达国家，且数量较少，但影响深远。

三、土木工程的发展趋势

土木工程的功能化、城市建设的立体化、交通运输的高速化必然使得构成土木工程的三个要素——材料、施工、理论出现新的发展趋势。

（一）建筑材料的轻质高强化

古代土木材料都以土、石、竹等天然材料为主，并以砖、瓦等烧结材料辅之。后来有了混凝土和现代钢材，现代城市得以建得更高、更耐久、更安全，也彻底改变了人类的生活和工作环境。但是普通混凝土过于笨重，建筑大部分性能都用来承担自重及其效应上，因此混凝土更加轻质高强已然成为趋势，比如各类轻骨料混凝土、加气混凝土、高性能混凝土。混凝土抗压强度由 20~40 MPa 提高到 100 MPa 以上，甚至达到 200 MPa，抗拉强度突破 20~30 MPa，从而减少混凝土裂缝，提高混凝土的耐久性。

钢结构建筑已经越来越多地运用在建筑和大跨径桥梁上，主要是为了发挥其轻质高强的特性。但现在钢材在受力性能和耐腐蚀方面还有待提高，因此运用铝合金、纤维材料、玻璃钢等新型建筑材料成为必然趋势。

在建筑材料轻质高强的过程中还需要考虑材料的环保性能，考虑未来建筑废弃之时建筑垃圾处理问题也是非常紧急的事情。

（二）施工过程的工业化、装配化

传统的施工过程效率低下，分工不够明确，人为因素干扰较多，不具规模，施工效率低下，施工过程管理相对混乱，施工质量难以保证，能源耗费高，已经难以适应现代土木行业发展需求。土木工程施工的发展方向已经朝着工业化、装配化前进，和其他生产企业一样，讲究分工明确、工业化生产、工业化装配，从而确保质量和进度。土木工程的工业化和装配化首先表现在运用各类先进的施工机械代替人工进行生产，其次为运用工业化思维进行流水生产，最后再按照工业化的方式进行装配施工。

施工机械的先进与否已经在很大程度上决定了工程的施工质量和进度，因此我国在引进消化吸收的基础上，开发自己的先进施工机械，目前已经取得了阶段性的成果，基本实现了施工机械化和现代化，比如运用大型运输车和架桥机进行桥梁运输和现场架梁、运用大型盾构机进行隧道掘进施工。各类起重设备、铺路设备、运输设备、混凝土搅拌设备已广泛应用。

（三）设计理论的精确化、科学化

设计理论的出现是古代土木与现代土木最明显的分水岭，土木工程的设计和施工逐渐有了理论作为指导，而不再只依靠经验。随着设计理论研究和实践的深入，其在现代土木工程设计、施工、管理、维护过程中的作用越来越明显，可以说没有理论的进步就没有土木工程今天的成就。现在设计理论已经告别传统粗犷式发展，朝着精确化、科学化发展，主要表现在以下几个方面：（1）理论分析由线性到非线性分析。因为线性分析是在诸多理论假设的前提下的理论，现实工程中很多因素之间不存在明显线性关系，需要考虑各因素的不同影响（如时间、面积等）。（2）由平面分析到空间分析。平面分析的适应情况较为有限，空间分析可以考虑不同维度之间的相互影响，分析结果更加科学、精细。（3）由单个到系统的综合整体分析。（4）由静态分析到动态分析。（5）由经验定值分析到随机分析。（6）由数值分析到模拟实验分析（7）由人工手算、人工做比较方案、人工制图到计算机辅助设计、计算机优化设计、计算机制图。

现在的设计理论发展已经从传统的单一分析走向综合、从人工分析走向人机综合。设计理论对土木工程的支撑度越来越高，并不断地与 BIM 等新技术相融合，共同把土木工程事业推向新高度。

第二节　土木工程材料

材料是构成建筑物的根本，其费用占工程总投资的 60%～70%。充分了解和掌握建筑材料的各项性能和指标、运用方法，对保证工程质量、降低工程造价、优化资源配置都是十分必要的。

土木工程材料的内容非常繁多，凡事工程中构成建筑物实体的都可以成为建筑材料，鉴于"土木工程材料"课程会详细讲解各类材料的相关性能，本节只是引导性地介绍土木工程中会用到的材料类型，形成基本概念，不做详细讨论。根据内容安排，这里就维护材料、结构材料、功能材料等几类做简单介绍。

一、围护功能材料

（一）自然石材

石材是人类应用在土木工程中最早的材料之一，自然石材可以分为重岩自然石（表观密度大于 $18kN/m^3$）及轻岩自然石（表观密度小于 $18kN/m^3$）。工程中常用的重岩自然石有花岗岩、砂岩、石灰岩等，轻岩自然石常用的有贝壳石灰岩、凝灰岩等，采用的石料分为料石和毛石两类。

料石分为细料石、粗料石及毛料石三种。细料石为经过细加工的石材，其外观规则，表面凹凸深度不大于 2mm，截面高度和宽度不小于 200mm，宽度不小于长度的三分之一。粗料石规格和细料石相同，但其表面构造深度较大，但不大于 20 mm。毛料石外形大致方正，一般不加工或仅稍加工修整，高度不小于 200mm。

毛石包括毛板石、平板石和乱毛石，划分依据主要是表面的规则程度。

（二）砖、瓦

砖、瓦属于建筑类陶制品，中国最早的建筑陶制品是陶水管，到西周初期又创新出了板瓦和筒瓦等形式。"秦砖汉瓦"主要是指砖、瓦开始标准生产的年代，其实瓦是早于砖的。中国最早的砖发现于陕西西周晚期的灰坑中，主要用作保护墙面，并没有承重作用。砖的普遍应用出现在春秋战国时期。

砖、瓦以黏土为主要原料，经过成型、干燥、烧结等工序而成，由于其具有较大的抗压强度和良好的防水性能，砖主要用作墙体维护材料，而瓦片则用在屋顶保护屋内设施和墙体。砖、瓦的烧制工艺流程基本相同，只是在各个环节中不断改进和丰富其形式，使其能够满足不断提高的建筑需求。早期烧制砖、瓦的燃料是柴草，后来改为煤炭，现在是煤炭和化石燃料并行的局面。

由于黏土砖、瓦制作简便，从古至今被大量应用在建筑中。但是其烧制过程污染较大，且需要大量的黏土，破坏农田和生态环境，因此近年来在燃料选择、砖瓦形式方面进行了严格控制。

砖按照颜色分为红砖和青砖，是黏土砖坯在烧制后，在出窑时按照不同的工艺处理所获得的产物。青砖是在烧制过程中持续缓慢向窑内浇水，红砖则不必。由于青砖需要处理的时间长，工艺较为复杂，所以价格较贵。

由于普通的黏土砖需要较多的黏土，并且与农争田，现已逐步淘汰，改用空心砖或砌块。黏土空心砖相比空心砖，一般可以减轻自重 30%~35%，并能改善砖的绝热和隔声性能，在相同的热工性能要求下，用空心砖砌筑的墙体厚度可以减半。由于空心，空心砖可节约黏土原料 20%~30%，节省燃料 10%~20%，并且干燥焙烧时间短、烧成率高。

空心砖分为竖孔和水平孔两种。竖孔空心砖抗压强度高，多用作承重墙，称之为承重空心砖。空洞率方面竖孔砖约为 20%，水平空心砖则可以达到 30% 及以上，自重更小。由于空心率大，且水平放置，因此其抗压强度较低，一般用作非承重墙体构件。

黏土质砖还有花格砖，主要用于建筑立面处理，如窗格、屏风、栏杆、门厅、围墙等。

黏土瓦按照颜色分为青瓦和红瓦，按照形状分为平瓦和脊瓦。琉璃瓦是一种特殊瓦，是在瓦坯表面涂以玻璃釉料后再经烧制而成的瓦。琉璃瓦表面光滑，质地密实，光彩炫目，耐久性好，但是成本较高，主要用在王公贵族的房屋建筑中，现在主要用于古建筑修复和园林式建筑。

煤矸石黏土砖是在制作砖坯时掺入一定量的煤矸石，在焙烧时煤矸石可以发出一定热量，能节约燃料，因此煤矸石黏土砖可以节约黏土和煤矸石堆放场地。生产煤矸石砖需要大量煤矸石，因此应靠近产煤区和交通集散地，以减少煤矸石的运输成本，综合上减少成本。

（三）砌块

砌块作为一种新型墙体材料，由砂、卵石（或碎石）和水泥加水搅拌后在模具内振动加工成型，或用煤渣、煤矸石、粉煤灰等工业废料加石灰、石膏经搅拌、轮碾、振动成型后再经蒸养而成。为了减轻重量，砌块可以做成空心的，根据尺寸大小可以分为小块、中块和大块。小块体积相当于 9~10 块标准砖，中块一般质量在 25 kg 以内，大块尺寸较大，每层房屋可用 3~4 块砌体构成。

砌块应用广泛，因为其具有如下优点：

（1）加工方便

砌块的生产可以实现工业化和机械化，可以最大限度减少人工成本，且效率较普通砖高许多。

（2）适应性强

砌块建筑体系比较灵活，砌筑方便，可以实现机械化生产。

（3）原料来源广

砌块原料可以因地制宜，就地取材，对水泥要求不高。大中城市利用工业废料（如煤渣、矿渣等）生产砌块，可变废为宝，减少对环境的危害。

（4）环保

砌块的环保性不仅体现在机械化生产和建设中，也体现在原材料的应用中，可以利用多种工业废料，从而减少其对环境的危害，减少对农田和自然环境的破坏。

混凝土空心砌块的干缩率较普通砖砌体大 1 倍，空心砌块较实心黏土砖干缩率大数十倍，故砌块生产后需停放 48 天，在存放过程中做好防雨措施，出厂时进行含水率测定。如果施工期间发生淋雨情况还需要再停放 48 天。混凝土空心砌块如果不做好防雨处理，裂缝会较多，将影响墙体质量。

（四）新型轻质墙体

泰柏板隔墙称为钢丝网泡沫塑料水泥砂浆复合墙板，它是由 2mm 钢丝焊接网为构架，中间填充泡沫塑料构成的轻质板材。泰柏板强度高、质量轻，隔声防腐能力强，板体内可以预留设备管道、电气设备等。泰柏板一般厚度为 70mm，抹灰后的厚度约为 100mm，也可以视要求加厚。泰柏板隔墙必须用配套的连接件连接固定，隔墙的拼缝处、阴阳角和门窗洞口等位置，需用专门的钢丝网片加强固定。

彩色压型钢板是以镀锌钢板为基材，经成型机轧制，并涂覆各种耐腐蚀土层与彩色烤漆制成的轻型维护结构材料。这种钢板具有质量轻、抗震性能好、耐久性强、色彩明亮、容易加工、施工方便等特点。压型钢板常与保温材料复合夹芯板，用于工业与民用建筑的屋盖和墙体等，尤其适用于快速施工的临时板房修建。

二、结构功能材料

结构功能材料作为结构的支撑材料，需要承担拉、压、弯、剪、扭单种受力或拉弯、压弯、弯剪扭等组合受力，因此对其性能要求较其他功能材料更高。结构功能材料一直作为结构设计、分析、建设和管理的重点对象，在所有建筑材料中占据最重要的位置。结构功能材料往往具有不可拆卸的特点，维护成本较高，对建筑结构的影响很大，因此掌握好结构功能材料的种类、性能及在建筑当中的用法极其重要。

结构功能材料经过几千年的发展，性能不断改进提升，形式不断丰富，呈现出百花齐放的格局。虽然结构功能材料种类繁多，但常用的主要有混凝土、钢材、木材、石材、钢筋混凝土、预应力混凝土等。下面介绍几种常用结构功能材料的由来、基本性能、基本用法，不做展开叙述。

（一）混凝土

1. 胶凝材料

胶凝材料主要指和水成浆后能硬化成坚实整体的矿物质粉末状材料。只能在空气中硬化，并且只能在空气中保持或发展其强度的胶凝材料称为气硬性胶凝材料，如石膏、石灰等。在凝结硬化过程中，不仅能在空气中凝结，还能够更好地在水中硬化的称之为水硬性胶凝材料，如水泥等。

石灰是一种以氧化钙为主要成分的气硬性胶凝材料，分为生石灰和消石灰。石灰在建筑中的应用很早，周朝至南北朝时期，人们以石灰、黄土、细砂的混合物作为夯土墙或土坯墙的抹面，或制作地坪。1170 年，在修筑贺州城时，采用了糯米汁与石灰的混合物作胶凝材料。明代南京城的砖石城垣的重要部位也是以石灰加糯米汁作为灌浆材料。

古埃及人采用尼罗河的泥浆作为胶凝材料砌筑未经煅烧的土坯砖，并在泥浆中掺入砂子和草以增加强度和减少收缩。公元前 3000—公元前 2000 年，古埃及人开始采用煅烧石膏作为建筑胶凝材料，金字塔的建造就使用了煅烧石膏。

古希腊人用石灰石经过煅烧得到的石灰作为建筑材料，这一方法被罗马帝国发扬光大，他们用石灰和砂子混合成砂浆来砌筑建筑物。后来古罗马人继续改进，在其中再加入磨细的火山灰，使其在路堤和水中都保持较高的耐久性，后来有人称之为罗马砂浆。罗马砂浆与石子混合形成火山灰混凝土，罗马人很多房屋都是用其修建的。

水泥作为现代最重要的建筑材料，与砂、水按一定比例混合成为砂浆，与砂、石子、水及其他掺合料按照一定比例混合均匀构成混凝土。我国水泥产量稳居世界第一多年，约占世界总产量的60%，水泥有多种分类，包括普通硅酸盐水泥、火山灰水泥、粉煤灰水泥、铝酸盐水泥等，具体性能见"土木工程材料"课程，这里不再详述。

2. 砂浆

砂浆是石灰、石膏或水泥等胶凝材料掺加砂子或矿渣等细骨料加水拌和而成的建筑材料。为了减少水泥用量，可以加入少量细石屑。在水泥砂浆中，往往掺入一定量的石灰膏或黏土浆，以增强砂浆的和易性，保证砌体质量，因而较用纯水泥砂浆时反而提高了砌体强度，称之为混合砂浆。用砂作为细骨料的砂浆，重度大于 $15kN/m^3$，称为重砂浆；用矿渣作为细骨料，重度有时小于 $15kN/m^3$，称为轻砂浆。国外还采用掺加聚合物拌和的水泥砂浆，称之为高黏结砂浆。

干拌砂浆是将水泥、砂、外加剂混合均匀后，在现场加水而成的一种新型环保型砂浆。自流平砂浆主要用于地面施工，造价较低，施工质量好。

3. 混凝土

最早的混凝土是三合土，用黏土、石灰和砂按一定比例压实成型，作为基层或垫层。

普通混凝土由水泥、砂、石和水所组成。其中，砂、石起骨料作用，水、水泥形成水泥浆，水泥浆包裹在骨料表面并填充骨料间空隙。在硬化前，水泥砂浆起润滑作用，赋予混合物一定流动性，便于施工。水泥砂浆硬化后，将骨料胶结成一个整体，形成混凝土强度。水泥、砂、石、水之间的比例（按质量）称为配合比，如 1：2.2：3.5。水和水泥的比例（按质量）称为水灰比。水灰比越大，代表水较多，和易性越好，便于施工，但做成的混凝土强度低，耐久性也较差。水灰比越低，和易性越差，但可以通过调节砂石级配来改善，或加减水剂解决。

混凝土被广泛应用，有以下几个原因：

（1）强度高

混凝土相较于木材、砖有更高的抗压强度，因此一般用作抗压承重构件。

（2）材料来源广

构成混凝土的水泥、砂、石、水造价较低，容易获得，便于大规模推广使用。

（3）耐久性好

混凝土强度随着龄期增加而不断增长，只要养护和使用得当，可以长时间保持其性能稳定，尤其适用于频繁受力的构件。

（4）耐热性能好

混凝土在高温情况下不会燃烧，强度不会明显降低，能够很好地保持结构的稳定性。但是如果长期承受高温，钢筋混凝土里的钢筋会软化，造成结构变形过大而失稳。

（5）可塑性好

混凝土浇筑时可塑性好，可以按照设计的模板浇筑成任意形状，但前提是需保证混凝土具有良好的流动性。

（6）适应性好

可以广泛用于各类工程环境，且能长期保持性能不变。但不同的工程环境对混凝土的要求不一样，需要改变配合比和施工、维护工艺。

混凝土具有诸多优点的同时，也有许多不可避免的缺陷：

（1）自重大

素混凝土的自重约为 $22kN/m^3$，如果做成钢筋混凝土、预应力混凝土，自重会更大。混凝土抗压强度的大部分性能都被用来克服自重产生的力学效应，因此利用率不及钢材、木材高。

（2）对环境有一定污染

在生产水泥、制作混凝土的过程中不可避免地会产生扬尘和噪声，且用水量较大，对于缺水地区不太适用。

（3）建筑垃圾处理困难

混凝土强度较大，在拆除过程中难度较大，且拆除后的混凝土垃圾难以处理，影响环境生态。

（4）抗拉强度较低

素混凝土具有明显脆性，抗拉强度较低，通常只有抗压强度的 $1/8\sim1/10$，限制其使用范围。需要在受拉一侧布置足够的钢筋用以抵抗拉力，从而增加造价。

（5）裂缝较多

由于混凝土抗拉强度较低，往往在受拉一侧出现较多裂缝，裂缝出现使得钢筋暴露在空气中，加速钢筋的锈蚀，从而影响钢筋混凝土结构的耐久性能。

混凝土的强度源自胶凝材料与水的水化反应。水化反应的需水量与胶凝材料用量之比有一定限制，超过界限值的水不参与水化反应，多余的水在混凝土中占有体积，从而形成空隙降低混凝土的强度。因此用水量过大，混凝土强度会降低；如果用水量过小，混凝土拌和物的流动性就会降低，不能塑造出规定的形状，同时还会形成大小不同的孔洞，从而降低强度。为了取得较高的强度，混凝土中会使用部分掺加料，例如加入减水剂后，在保证用水量不变的情况下增加流动性。

为了保证混凝土具有良好的和易性，达到规定的强度，保证质量，往往使用专门的商品混凝土搅拌站配制、搅拌，用混凝土搅拌车进行运输。搅拌车在运输过程中，需要保持混凝土的流动性。

但在某些工程环境中，不需要较好的混凝土流动性，称之为干硬性混凝土。例如大体积的水坝工程中如果运用传统混凝土，则会由于体积大，产生较大的热量，从而在混凝土表面产生大量的裂缝，这是不允许的。为了保证水坝的质量，需要用流动性较低的干硬性混凝土。

在工程实际应用中，为了适用不同的工程环境，需要不同性能的混凝土。比如：将纤维掺入混凝土得到抗裂性能较好的纤维混凝土；将聚合物掺入混凝土获得抗渗性能较好的聚合物混凝土；将陶粒或其他轻型骨料替代普通石子配置出来的轻骨料混凝土；能够抵抗高温的耐火混凝土；能够减少辐射的防辐射混凝土等。

混凝土的强度有高低，C60 及以上混凝土（指标准混凝土试块在标准养护条件下 28 天抗压强度为 60 MPa）为高强混凝土（High Strength Concrete），C100 以上的混凝土为超高强混凝土（Super High Strength Concrete）。高强混凝土一般为高性能混凝土（High Performance Concrete），但高性能混凝土不一定为高强混凝土。

（二）钢材

钢材作为一种主要的建筑材料，具有很高的强度（包括抗压强度和抗拉强度）、高变形能力、可焊接能力和耐候能力，在钢材产能过剩的现代，国家更多鼓励在建筑中广泛应用钢材。

钢材按照成分可以分为碳钢（高碳钢、中碳钢、低碳钢）和合金钢。碳含量越高钢材强度越高，但变形能力和焊接能力都降低，因此一般都使用低碳钢。合金钢中合金含量越高，则钢材性能越好，但价格就会更加昂贵，并且加入不同的合金，钢材的性能大不相同，因此往往是多种合金少量加入，形成低合金钢。

钢材按照形状可以分为长材、扁材、管材、其他材四类。长材包括铁道用钢材、钢板桩、大中小型型钢、冷弯型钢、钢筋和盘条钢筋等。扁材包括钢板、钢带。管材包括无缝钢管和焊管。钢材种类较多，适用工程环境各不相同，在相关专业课程中会详细介绍，这里不再赘述。

钢材连接形式大致分为铆接、焊接、栓接三类。铆接和焊接性能较好，但工序较为麻烦，且不可拆卸。栓接适用性较好，且方便拆卸，因此应用广泛。三种连接形式无论诞生时间长短，在现实工程中均广泛存在，但向焊接和栓接方向发展的趋势十分明显。

钢材是一种绿色建材，可以全部回收利用。当温度高于 2000℃ 时，钢材失去记忆，可以被制造成另一种完全不同的构件。但是钢材容易锈蚀，据统计每年约由占生产总量 1/4 的钢材被锈蚀掉，因此做好钢材锈蚀防护是十分重要的。

（三）钢筋

钢筋不单独使用，一般放置在混凝土中形成钢筋混凝土或预应力混凝土。钢筋和混凝土配合使用，承受拉力或压力。钢筋按照化学成分分为热轧碳素钢和热轧普通低合金钢。国产钢筋的截面形式主要为圆形，有光圆钢筋与带肋钢筋两大类。

涂层钢筋是用环氧树脂在普通钢筋上涂上一层 0.15～0.3 mm 薄膜，一般采用环氧树脂粉末以静电喷涂方法制作。

为了保证光圆钢筋在构件中受力时不至于滑动，需要在端头做成半圆形弯钩。

热轧钢筋直径一般为 6～32mm，10～12 mm 及以下的做成盘条，大直径钢筋长度一般为 12m，因此有时候需要接头。接头有搭接和焊接、机械连接三种，具体连接方法这里不作赘述。

为了提高钢筋强度，将钢筋在常温状态下拉至屈服强度使其伸长 4%～5%，称之为冷拉钢筋。冷拉钢筋虽然提高了强度，但钢筋变脆，延伸率降低，一般不单独使用。

（四）钢筋混凝土

钢筋混凝土是在混凝土中合适位置加入适量钢筋而形式的组合体。钢筋在混凝土中的位置和数量是根据构件受力情况确定的，具体计算这里不做阐述，仅仅从结构的简单受力分析钢筋的布置位置，明确钢筋和混凝土的联合作用。

关于构件如何受力，以一个木板为例来说明。当一个重物放置在两端支承的木板上时，木板的中间会向下弯曲，表明木板的下侧木纤维被拉长而上边的纤维被压缩，即上侧受压，下侧受拉。建筑物中简支梁和木板受力类似，如果只用混凝土来做梁，下侧受拉时由于混凝土抗拉强度相较于抗压强度很低，很容易产生裂缝，甚至脆断，这是不允许的。为了解决混凝土脆断的问题，抗压在混凝土受拉一侧布置适当钢筋，利用钢筋承受拉力来抑制受拉侧混凝土裂缝的开展，从而保证梁体结构的稳定性，这就是钢筋在混凝土中的作用。

钢筋混凝土中的钢筋一般布置在受拉一侧，帮助混凝土受拉；也可以布置在受压一侧，帮助混凝土受压，这是由于钢筋抗拉和抗压能力同样突出。比如放置在柱子中的竖向钢筋一般都是用来承受压力的，放置在梁体受拉侧的钢筋是用来承受拉力的。

混凝土中钢筋一般不单独存在，而是多种钢筋相互连接形成钢筋骨架，然后浇筑混凝土充满钢筋骨架之间的空隙，形成钢筋混凝土。钢筋骨架一般是靠近混凝土边缘布置，这是由于混凝土构件受力较大部位一般集中在靠近边缘的位置，如果布置在中间部位，除了受压构件，一般来说对结构意义不大。钢筋骨架中一般包括架立钢筋、受力主筋、箍筋、斜筋、弯起钢筋、分布钢筋等，其中：架立钢筋和主筋一起形成钢筋骨架；箍筋、斜筋、弯起钢筋承受剪力，提高混凝土抗剪切破坏能力；分布钢筋与其他钢筋一起形成钢筋骨架，还可以分布集中荷载使受力更加均匀，减缓裂缝开展，影响另一方向的温度和收缩影响。

钢筋虽然靠近混凝土的边缘，但不是设置在混凝土的表面，因为越靠近混凝土表面，越容易暴露在空气中，导致过早锈蚀而失效。混凝土呈碱性，可以有效保护钢筋，提高钢筋有效使用年限。钢筋外侧至混凝土边缘的距离称为混凝土保护层厚度，具体规定详见相关规范，这里不再赘述。

关于钢筋混凝土表面出现细微裂缝，尤其是混凝土受拉侧更加明显，这是正常现象。因为混凝土抗拉强度一般都会很低，且受拉侧边缘混凝土在很小拉力情况下即开裂，但由于受拉侧钢筋的存在，裂缝又不至于开展太多。

（五）预应力混凝土

生活中有这样的经验，木盆和水桶用铁箍将许多弧形木片箍起来，不仅不会散开，还不会漏水。因为在制作水桶的过程中，下边尺寸小于上边尺寸，且铁箍是从下边往上不断敲紧的，这样就使铁箍承受了较大环向拉力，给木片施加了环向压力。当水桶中盛水时，木片环向会产生拉应力，只要拉应力不超过预先铁箍施加的环向压力，木片就不会散开，就不会漏水。在水桶中通过铁箍给木片施加的环向压力就是预应力。

普通钢筋混凝土是带裂缝工作的，说明混凝土表面的拉应力超过混凝土的抗拉容许应变。但是在很多场合这是不允许的，比如蓄水池。

预应力混凝土的制作是 1928 年获得成功的。19 世纪中叶，钢筋混凝土的发明和钢材在结构工程中的应用实现了工程建设的第一次飞跃，预应力混凝土的实际应用则实现了第二次飞跃。预应力混凝土是利用预先建立压应力以抵消在荷载作用下产生的拉应力而做成的，只要荷载产生的拉应力不超过预先施加的压应力，构件表面就不会出现拉应力，混凝土也就不会产生裂缝。

预应力钢筋混凝土施加预应力的方法有很多种，如先张法、后张法、电热法等。不同的施加方法，工艺流程、造价、工期和维护方式都不相同，但结果类似，具体采用何种方法，视工程环境不同而选择，这里不再赘述。

（六）木材

从木材的切面可以看到，木材是由树皮、木质部和髓心等部分组成。木质部是木材的主体，髓心在树干中心，质地松软、强度低、易腐蚀、易开裂，对于材质要求高的不得带有髓心。在横切面上深浅相同的同心环称为年轮。年轮由春材和夏材两部分组成，其中春材颜色较浅，组织疏松，材质较软；夏材颜色较深，组织致密，材质较硬。当树种相同时，年轮稠密均匀者，材质较好，夏材部分多，强度较高，表观密度较大。

对于木材物理力学性质影响较大的是含水率，应保证含水率低于某个限制，以此来保证木材结构的强度和收缩性能。

木材是典型的各向异性材料，用木材作为结构材料应注意其力学性能的方向性。

木材大致分为两种，即圆料和方料。圆料直径通常在 120mm 以上，长度一般在 9m 以内。将圆木纵向锯开成两半，称为对开圆木或半圆木。方料分为大料（两面锯开或四面锯开）、条料（四面锯开，但厚度小于 100mm，宽度不大于厚度的 2 倍）、板料（厚度不大于 100mm，宽度大于厚度的 2 倍，如果厚度在 35mm 以下的称为薄板，厚度大于 35 mm 的称为厚板）。

木材的结合方式有销结合、榫结合、键结合和胶结合。销结合有钢销和木销，钢销又包括圆销、螺栓、钉和螺钉等，木销包括硬木圆销、硬木板销等。

我国木材资源很匮乏，森林覆盖率约 13%（日本则高达 65%），目前林业基地超过 60% 处于资源枯竭的边缘，所以应大力保护森林资源，增加植树造林，减少砍伐和木材使用。由于木材的防腐和防火性能不佳，限制了木材的使用，如果条件可能，应尽量选用其他建筑材料替代木材。

三、其他功能材料

各类结构功能材料和维护结构功能材料形成建筑结构，但是这样的建筑结构只能满足空间要求，如果需要满足人类使用，还需要其他功能材料，比如防水材料、保温材料、装饰材料等。

防水材料一般用在需要防水的区域，比如厨房、卫生间、楼顶、阳台等。防水材料一般不单独使用，往往与混凝土配合使用，才能保证防水材料的耐久性。常用的防水材料有沥青、SBS 改性沥青防水卷材、橡胶塑料类防水卷材等。

保温材料在对温度要求较高的区域使用普遍，比如冷藏仓库、屋顶等。我国北方由于冬季严寒，为保持室内温度不至于过低，往往在墙面使用保温材料。常见的保温材料有膨胀珍珠岩、矿物棉、玻璃棉等。

　　装饰材料是为了提高建筑的观赏性和使用性能，常见的装饰材料有玻璃、大理石、花岗石、油漆、釉料、瓷砖、石膏、建筑陶瓷等。不同的装饰材料性能不一样，使用环境、施工工艺、装饰效果都不同，需要根据不同的工程环境选择适当的装饰材料，否则适得其反。

　　以上仅仅介绍了其他功能材料的种类和基本用法，未能就单一材料详尽叙述，材料具体性能、具体施工方法和效果，请见《土木工程材料》等相关资料，这里不再赘述。

第三节　土木工程的基本结构形式

一、板、梁和柱

　　板、梁主要是承受弯矩，因此又称为受弯构件。柱则主要是承受压力，因此称受压构件。人类使用梁、柱为自己服务可能是最早的，仰韶文化时期，人类所架设的简易居室中，在泥墙内的小树干上架设承受屋面重的另一些树干即起着梁式构件的作用，而泥墙中的树干则为受压柱。板或梁两端支承在支座上以承受荷载，一端为不动铰，另一端为活动铰。

　　柱承受荷载可能是轴心受压，即荷载沿构件轴线作用。但更多场合为偏心受压，即这时为偏心受压构件。当构件上作用拉力时即为轴心受拉构件，如屋架下弦；拉力作用点偏心时，则为偏心受拉构件。偏心受压和偏心受拉构件统称为偏心受力构件。

　　当构件所受弯矩不作用在截面对称轴的平面内时，为斜向受弯构件，即这时在两个对称轴方向均作用有弯矩，故通称双向受弯构件。

　　当受压或受拉构件还同时作用有两个方向的弯矩时，即为双向偏心受压或双向偏心受拉构件。

　　此外还有受扭构件，这时构件受有扭矩。但纯受扭的构件不多，在大多数场合下，土木工程结构中受扭构件同时还承受弯矩和剪力，例如吊车梁。

二、拱

　　人类是在生活实践中发现拱结构的，这应是出现砌体结构以后的事。古代在已砌好的墙内开洞时，从不断的实践中发现，起初墙体材料可能向下散落，待洞成为某种形式时，即不再向下散落，这即是拱的雏形。后来在砌墙留洞时即有意识地砌成拱形。所以最早往往做成尖拱，或为多圆心拱，后来逐渐发展为单曲线的圆弧拱和抛物线拱等。

另一方面山中岩石经风沙吹刷，天长日久即形成拱形，可能跨越很大空间而给人们以启发。世界上现存有很多天然拱。

三、桁架

桁架有铰接和刚接两种。

（一）铰接桁架

在图 1-1（a）所示四边形体系中，其中四个节点（节点即两个及两个以上的杆件交汇的点）各有一个可活动的铰，此外，一个杆件中部还加设一个铰，当荷载作用后，这个机构将是几何可变体系，因而是不稳定的，因为它不改变杆件长度而可任意改变其形状。假定在中间节点和左上端节点间加一杆件［图 1-1（b）］，这时左部分成为三角形，它在荷载下是稳定的，但右边四边形部分仍为几何可变体系。当再加一杆件后，原机构则成为三个三角形体系，它在荷载作用下将是稳定的，如图 1-1（b）所示。这便是桁架结构，即铰接桁架是由许多三角形组成的。

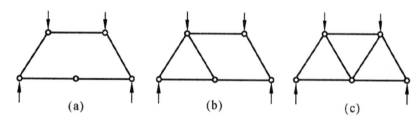

图 1-1 铰接桁架

从北宋徽宗（1082—1135 年）时画家张择端所绘《清明上河图》中可见，当时汴京（今开封市）的木桥由圆木组成（当系扎接）三角形机构，而由很多三角形机构组成拱架，另用横木连系各片拱架，实构成了空间体系。这是符合力学原则的结构，画家不可能出于想像而应是根据实物描绘的，体现了我国古代劳动人民的智慧，可惜这一合理的结构形式未得到应有的发展。

以上分析的梁、拱和桁架都是平面体系，其应力和变形都是在其平面内发生，是二维的，而空间体系的应力和变形则是三维的。

相传国外桁架最早是 1570 年意大利人巴雷提（Andrea Palladio）提出的，即如图 1-2 所示王柱式桁架（以下节点铰将不再画出），但其发现并未受到重视，直至约 200 年后于 1758 年瑞士人 Ulric Grubenmann 始建一座跨长为 52m 的木料桁架于莱茵河上，继又造另一座跨长约为 120m 的木料桁架桥，这当为世界最长的木料桁架，至 1799 年为拿破仑一世所毁。最早全铁桁架桥是 1840 年美国 Wendell Bellman 建造的，其中拉杆为熟铁，压杆用生铁。

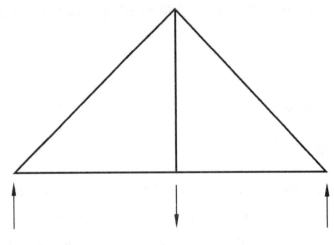

图1-2　王柱式桁架

无论拉力或压力，我们都称之为直接内力，材料仅承受直接应力强度是较高的，因此桁架上的荷载应设计成作用在节点处。如果节间受有荷载则该杆件还产生弯矩，对上弦则成为偏心受压构件，例如大型屋面板宽1.5m，节间距离为3m，则在节间中点将还作用有一个集中荷载（两块板的纵肋很靠近，两个集中荷载可合并作为一个力计算）；对下弦则成偏心受拉构件，如工业房屋中的悬挂设备吊挂在下弦节间内时。

图1-3为几种类型的屋盖桁架。图1-3（a）所示桁架一般用于跨度不大的情况，其余用于较大跨度。

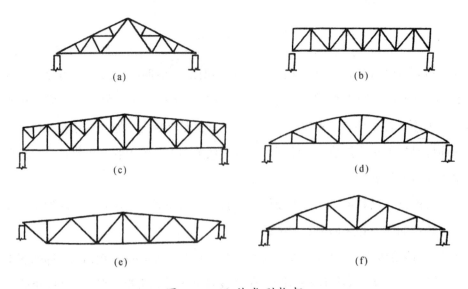

图1-3　几种类型桁架

屋盖由许多片横向（沿房屋跨度方向）桁架组成。为了增强屋盖整体刚度，各片桁架间设有支撑（纵向及横向上下弦水平支撑和竖向支撑；柱间也设有纵向柱间支撑）。但因各片桁架所受屋面荷载基本相同，计算时取出一片来算，亦即将其作为平面桁架来考虑，即其受力是在一个平面内的。如果房屋接近方形时，当在纵向按受力计算也布置桁架，使其支承在两端山墙柱上，则构成空间桁架。

（二）钢接桁架

当钢板梁桥跨度很长时，腹板用料将占很大比重。如果将腹板挖成空格，则成空腹桁架，如图 1-4 所示。最早出现的这种桁架是 1896 年比利时布鲁塞尔世界博览会上的 32m 空腹桁架桥。由于节点系刚接，故在荷载下不至于像铰接桁架那样变成几何可变体系，这种桁架也可用于屋盖。刚接桁架的节点应予加强以保证在荷载下变形时杆件内的相对转角为零，即不发生相对转动。在上述刚接空腹桁架杆件内除轴向力外，还将产生弯矩，并由弯矩引起剪力，因为剪力＝两节点弯矩代数和/节点距离。

图 1-4 空腹桁架

在上述铰接桁架中节点实际也不是做成真正活动的铰，由于变形（旋转）受到约束，在节点处亦将产生一定的弯矩，但这种弯矩所产生的应力与主要应力即轴向力所产生的应力比较，它们将是次要的，所以称为次弯矩，或由此所产生的应力称为次应力。一般情况下次应力的影响不大，可不予考虑，必要时则需计算。

四、框架

在房屋建筑中，由梁或屋架和柱连接而成的结构称为框架。框架节点有铰接的和刚接的，前者称为排架，后者则称为刚架。桥梁中也采用刚架结构。

（一）排架

装配式钢筋混凝土单层厂房，屋面承重结构（梁或屋架）与柱的连接是按铰接考虑的，因为它是通过埋设在梁或屋架底部和柱顶预埋钢板焊接或用螺栓连接的（图 1-5），在砌体结构单层厂房中砌体顶也是铰接的（焊板上的锚筋则需锚固在砌体顶部的钢筋混凝土垫板内）。在荷载（屋面荷载或风荷载和吊车荷载等）作用下，梁、柱在节点处不可能共同旋转，即各自的旋转为自由，因此这种连接的节点只能视为铰接，所以这种框架即为铰接的框架，一般称之为排架，其计算简图如图1-6（a）、（b）所示。在图1-6（b）中，b排柱是连续的，左侧屋面承重结构是支承在柱侧边牛腿上的［图1-6（c）］，故此处铰是设在柱左边而不是在柱中间，否则结构将成为几何可变体系。现在虽然是四边形，但仍是稳定的，因为柱下端与尺寸较大的基础连在一起，可视为固定在基础顶部，即下端为固定的。图1-6（a）为等高排架或简单排架，可为单跨或多跨；图1-6（b）为不等高排架或复式排架。

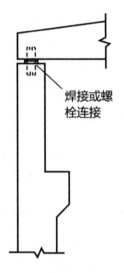

图 1-5　装配式钢筋混凝土厂房排架

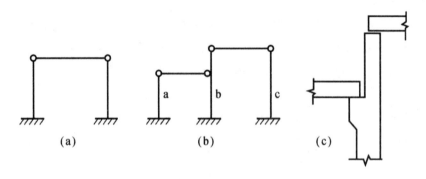

图 1-6　排架计算简图

（二）刚架

当柱和梁整体连接，则形成刚接，图1-7（a）为单层简单刚架，图1-7（b）为单层复式刚架，图1-7（c）、（d）则分别表示多层简单刚架和复式刚架。

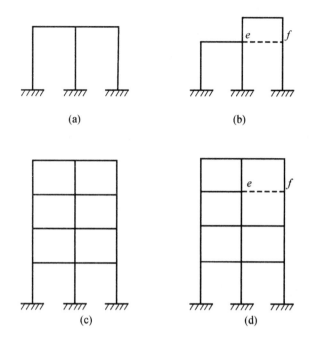

图 1-7 刚架计算简图

由上可见，不论在排架或在刚架中，当任一层横梁水平处的邻跨未设横梁 *ef* [如图 1-6（b）、（c）及图 1-7（b）、（d）] 时，即构成复式排架或刚架，因为排架或刚架在荷载下发生侧移时，*e*、*f* 点的侧移将不相等，亦即这时有了跨度变形，而一般横梁两端柱侧移可近似认为是相等的。

在多层框架中，当柱子连续伸长，而梁系铰接在柱上（如支承在柱边挑出的牛腿上）时，则构成多层铰接框架；有时也可做成铰接和刚接同时采用的组合框架。

在框架结构中，各榀框架受力基本相同时，习惯上也按平面结构考虑。但有一些框架结构的受力明确为三维的，如有三个或更多的支柱不在一个平面内时，以及框架弯顶；又如有一个共用弦杆的桥梁桁架以及只有一个上弦而有两个分开下弦的桁架等，都是空间桁架。

第二章 土方工程

第一节 概述

一、土方工程的内容及施工要求

（一）土方工程的内容

土方工程包括一切土的挖掘、填筑、运输等过程，以及排水降水、土壁支撑等准备工作和辅助工程。常见的土方工程施工有以下内容。

1. 场地平整

场地平整是指将天然地面改造成所要求的设计平面时所进行的土石方施工全过程（厚度在 300mm 以内的挖填和找平工作）。场地平整的特点是工作量大、劳动繁重和施工条件复杂。

2. 基坑（槽）及管沟开挖

基坑（槽）及管沟开挖是指开挖宽度在 3m 以内的基槽且长度 2 宽度 3 倍或开挖底面积在 20m³ 且长为宽 3 倍以内的土石方工程，它是为浅基础、桩承台及沟等施工而进行的土石方开挖。基坑（槽）及管沟开挖的特点是要求开挖的标高、断面、轴线准确，土石方量少，受气候影响较大。

3. 地下工程大型土石方开挖

地下工程大型土石方开挖是指对人防工程、大型建筑物的地下室、深基础施工等进行的地下大型土石方开挖工程（宽度大于 3m，开挖底面积大于 $20m^2$，场地平整土厚大于 300mm）。地下工程大型土石方开挖的特点是涉及降低地下水位、边坡稳定与支护、地面沉降与位移、邻近建筑物的安全与防护等一系列问题。

4. 土石方填筑

土石方填筑是指对低洼处用土石方分层填平的工程，可分为夯填和松填。土石方填筑特点是对填筑的土石方，要求严格选择土质，分层回填压实。

（二）土方工程的施工要求

土方工程施工要求标高、断面准确，土体有足够的强度和稳定性，工程量小，工期短，费用省。但土方工程的面广量大、劳动繁重、施工条件复杂（土方工程多为露天作业，施工受当地气候条件影响大；土的种类繁多，成分复杂；工程地质及水文地质变化多，也对施工影响较大）。因此，在组织土方工程施工前，应根据现场条件，制定出技术可行、经济合理的施工方案。

二、土的工程分类

土的种类繁多，分类方法也较多。不同的土，其物理、力学性质也不同，只有充分掌握各类土的特性及其对施工过程的影响，才能选择正确的施工方法。

与建筑施工技术联系较大的，是根据土的开挖难易程度，在现行预算定额中，将土分为松软土、普通土、坚土、砂砾坚土、软石、次坚石、坚石、特坚石八类，称为土的工程分类。前四类属一般土，后四类属岩石，各类土的施工方法也各有不同，如表2-1所示。

表 2-1　土的工程分类

土的分类	土的名称	密度（kg/m³）	开挖方法
一类土（松软土）	砂土；粉土；冲积砂土层；疏松的种植土；淤泥	600～1500	用锹、锄头挖掘
二类土（普通土）	粉质黏土；潮湿的黄土；夹有碎石、卵石的砂；粉土混卵（碎）石；种植土；填土	1100～1600	用锹、锄头挖掘，少许用镐翻松
三类土（坚土）	软及中等密实黏土；重粉质黏土；砾石土；干黄土；含碎（卵）石的黄土；粉质黏土；压实的填土	1750～1900	主要用镐，少许用锹、锄头，部分用撬棍
四类土（砂砾坚土）	坚实密实的黏性土或黄土；中等密实的含碎（卵）石黏性土或黄土；粗卵石；天然级配砂石；软泥灰岩	1900	用镐或撬棍，部分用楔子及大锤
五类土（软石）	硬质黏土；中密的页岩、泥灰岩、白垩土；胶结不紧的砾岩；软石灰岩及贝壳石岩	1100～2700	用镐或撬棍、大锤，部分用爆破

土的分类	土的名称	密度（kg/m³）	开挖方法
六类土（次坚石）	泥岩；砂岩；砾岩；坚实的页岩、泥灰岩；密实的石灰岩；风化花岗岩、片麻岩	2200～2900	用爆破方法，部分用风镐
七类土（坚石）	大理岩；辉绿岩；粉岩；粗、中粒花岗岩；坚实的白云岩、砂岩、砾岩、片麻岩、石灰岩	2500～3100	用爆破方法
八类土（特坚石）	安山岩；玄武岩；花岗片麻岩；坚实的细粒花岗岩、闪长岩、石英岩、辉长岩、辉绿岩	2700～3300	用爆破方法

三、土的工程性质

影响土方工程施工的土的工程性质有土的可松性、渗透性和含水量等。

（一）土的可松性

自然状态下的土，经开挖后，其体积因松散而增加，以后虽经回填压实，仍不能恢复成原来的体积，这种性质称为土的可松性。它对土方平衡调配，基坑开挖时留弃土方量及运输工具的选择有直接影响。

土的可松性的大小用可松性系数表示，分为最初可松性系数和最终可松性系数。

1. 最初可松性系数 K_s

自然状态下的土，经开挖成松散状态后，其体积的增加，用最初可松性系数表示。

$$K_s = \frac{V_2}{V_1}$$

式中，V_1——土在自然状态下的体积；

V_2——土经开挖成松散状态下的体积。

土的最初可松性系数是计算挖掘机械生产率、运土车辆数量及弃土坑容积的重要参数。

2. 最终可松性系数 K_s'

自然状态下的土，经开挖成松散状态后，回填夯实后，仍不能恢复到原自然状态下体积，夯实后的体积与原自然状态下体积之比，用最终可松性系数表示。

$$K_s' = \frac{V_3}{V_1}$$

式中，V_3——土经回填压实后的体积。

最终可松性系数是计算场地平整标高及填方所需的挖方体积等的重要参数。各类土的可松性系数如表 2-2 所示。

表 2-2 土的可松性系数参考值

土的类别	体积增加百分数		可松性系数 K'_{n}	
	最初	最终	最初	最终
一类土（种植土除外）	8~17	1~2.5	1.08~1.17	1.01~1.03
二类土（植物土、泥炭）	20~30	3~4	1.20~1.30	1.03~1.04
二类土	14~28	2.5~5	1.14~1.28	1.02~1.05
三类土	24~30	4~7	1.24~1.30	1.04~1.07
四类土（除外）	26~32	6~9	1.26~1.32	1.06~1.09
四类土（泥灰岩、蛋白）	33~37	11~15	1.33~1.37	1.11~1.15
五~七类土	30~45	10~20	1.30~1.45	1.10~1.20
八类土	45~50	20~30	1.45~1.50	1.20~1.30

（二）土的渗透性

土的渗透性是指土体被水透过的性质，水流通过土中孔隙的难易程度。土的渗透性是用渗性系数 K 表示。渗透系数 K 值直接影响降水方案的选择和涌水量计算的准确性。其参考值如表 2-3 所示。

表 2-3 土的渗透系数参考值

土的种类	K（m/d）	土的种类	K（m/d）
亚黏土、黏土	<0.1	含黏土的中砂及纯细砂	20~25
亚黏土	0.1~0.5	含黏土的细砂及纯中砂	35~50
含亚黏土的粉砂	0.5~1.0	纯粗砂	50~75
纯粉砂	1.5~5.0	粗砂夹砾石	50~100
含黏土的细砂	10~15	砾石	100~200

土的渗透性系数的实验室测定方法是由法国学者达西发明的，根据实验发现水在土中渗流速度 V 与水力坡度成正比，即

$$V = Ki$$

式中，i ——水力坡度，又叫水力梯度，是两点的水位差与渗流路程之比。

（三）土的含水量

土的含水量是指土中水的质量与固体颗粒质量之比，以百分数表示，即

$$W = (G_1 - G_2) / G_2 \times 100\%$$

式中，G_1——水状态土的质量；

　　　　G_2——干后土的质量（土经 105℃烘干后的质量）。

土的含水量表示土的干湿程度，是反映土的湿度的一个重要物理指标。含水量影响土方施工方法的选择、边坡的稳定和回填土的质量。

天然状态下土层的含水量称天然含水量，其变化范围很大，与土的种类、埋藏条件及其所处的自然地理环境等有关。一般干的粗砂土，其值接近于零，而饱和砂土可达 40%；坚硬的黏性土的含水量约小于 30%，而饱和状态的软黏性土（如淤泥），则可达 60% 或更大。一般说来，同一类土，当其含水量增大时，强度就降低。土的含水量超过 25%~30%，机械化施工就困难，容易产生打滑和陷车的现象。

在定含水量的条件下，用同样的夯实工具，可使回填土达到最大密实度，此含水量称为最佳含水量。常见土的最佳含水量：砂土为 8%~12%；粉土为 9%~15%；粉质黏土为 12%~15%；黏土为 19%~23%。

第二节　土方边坡、支护与填筑

一、土方边坡

（一）边坡坡度和边坡系数

边坡坡度以土方挖土深度 h 与边坡底宽 b 之比来表示，即

$$土方边坡坡度 = \frac{h}{b} = 1 : m$$

边坡系数以土方边坡底宽 b 与挖土深度 h 之比 m 表示，即

$$土方边坡系数 = m = \frac{b}{h}$$

边坡可以做成直线形边坡、折线形边坡及阶梯形边坡。

若边坡较高，土方边坡可根据各层土体所受的压力，做成折线形或阶梯形，以减少挖

填土方量。土方边坡坡度的大小主要与土质、开挖深度、开挖方法、边坡留置时间的长短、边坡附近的各种荷载状况及排水情况有关。

（二）土方边坡放坡

为了防止塌方，保证施工安全，在边坡放坡时要放足边坡，土方边坡坡度的留设应根据土质、开挖深度、开挖方法、施工工期、地下水水位等因素确定。当地质条件良好、土质均匀且地下水水位低于基坑（槽）或管沟底面标高时，挖方边坡可做成直立壁不加支撑，但其挖方深度不宜超过表2-4规定的数值。

表 2-4　土方挖方边坡可做成直立壁不加支撑的最大允许挖方深度

土质情况	最大允许挖方深度/m
密实、中密的砂土和碎石类土（充填物为砂土）	≤1
硬塑、可塑的粉土及粉质黏土	≤1.25
硬塑、可塑的黏土和碎石类土（充填物为黏性土）	≤1.5
坚硬的黏土	≤2
注：当挖方深度超过表中规定的数值时，应考虑放坡或做成直立壁加支撑。	

当地质条件良好、土质均匀且地下水水位低于基坑（槽）或管沟底面标高时，挖方深度在 5 m 以内不加支撑的边坡的最陡坡度应符合表 2-5 的规定。

表 2-5　深度在 5 m 以内的基坑（槽）、管沟边坡的最陡坡度（不加支撑）

土的类别	边坡坡度（高：宽）		
	坡顶无荷载	坡顶有静载	坡顶有动载
中密的砂土	1：1.00	1：1.25	1：1.50
中密的碎石类土（充填物为砂土）	1：0.75	1：1.00	1：1.25
软土（经井点降水后）	1：1.00		
硬塑的粉土	1：0.67	1：0.75	1：1.00
中密的碎石类土（充填物为黏性土）	1：0.50	1：0.67	1：0.75
硬塑的粉质黏土、黏土	1：0.33	1：0.50	1：0.67
老黄土	1：0.10	1：0.25	1：0.33
注：1. 静载是指堆土或材料等，动载是指机械挖土或汽车运输作业等。静载或动载距挖方边缘的距离应保证边坡和直立壁的稳定，堆土或材料应距挖方边缘 0.8m 以外，高度不超过 1.5 m。 2. 当有成熟施工经验时，可不受本表限制。			

对使用时间较长的临时性挖方边坡坡度，在山坡整体稳定的情况下，如地质条件良好、土

质较均匀、高度在 10 m 以内的边坡的坡度，应符合表 2-6 的规定。

表 2-6　使用时间较长、高度在 10 m 以内的临时性挖方边坡坡度值

土的类别		边坡坡度（高：宽）
砂土（不包括细砂、粉砂）		1：（1.25~1.5）
一般黏性土	坚硬	1：（0.75~1）
	硬塑	1：（1~1.15）
碎石类土	充填坚硬、硬塑黏性土	1：（0.5~1）
	充填砂土	1：（1~1.5）
注：1. 使用时间较长的临时性挖方是指使用时间超过一年的临时道路、临时工程的挖方。 2. 挖方经过不同类别的土（岩）层或深度超过 10m 时，其边坡可做成折线形或台阶形。 3. 当有成熟施工经验时，可不受本表限制。		

（三）边坡支护方法

支护为一种支挡结构物，在深基坑（槽）、管沟不放坡时，用来维护天然地基土的平衡状态，保证施工安全和顺利进行，减少基坑开挖土方量，加快工程进度，同时，在施工期间不危害临近建筑物、道路和地下设施的正常使用，避免拆迁或加固。常见的边坡护面采取的措施有薄膜覆盖法、挂网法（挂网抹面）、喷射混凝土法（混凝土护面）和土袋或砌石压坡法。

1. 薄膜覆盖法

对基础施工期较短的临时性基坑边坡，可在边坡上铺塑料薄膜，在坡顶及坡脚用草袋或编织袋装土压住或用砖压住，或在边坡上抹 2~2.5 cm 厚水泥浆保护。为防止薄膜脱落，在上部及底部均应搭盖不少于 80 cm，同时，应在土中插适当锚筋连接，在坡脚设排水沟。

2. 挂网法（挂网抹面）

对基础施工期短、土质较差的临时性基坑边坡，可垂直坡面楔入直径为 10~12 mm、长 40~60 cm 的插筋，纵、横间距 1 m，上铺 20 号钢丝网，上、下用草袋或聚丙烯扁丝编织袋装土或砂压住，或再在钢丝网上抹 2.5~3.5 cm 厚的 M5 水泥砂浆（配合比为水泥：白灰膏：砂子=1：1：1.5），并在坡顶、坡脚设排水沟。

3. 喷射混凝土法（混凝土护面）

对邻近有建筑物的深基坑边坡，可在坡面垂直楔入直径为 10~12mm、长 40~50 cm 的插筋，纵、横间距 1 m，上铺 20 号钢丝网，在表面喷射 40~60 mm 厚的 C15 细石混凝土直到坡顶和坡脚；也可不铺钢丝网，在坡面铺 $\varphi 4 \sim \varphi 6@250 \sim 300$ 钢筋网片，浇筑 50~60 mm

厚的细石混凝土，表面抹光。

4. 土袋或砌石压坡法

对深度在 5 m 以内的临时基坑边坡，应在边坡下部用草袋或聚丙烯扁丝编织袋装土堆砌或砌石压住坡脚。边坡高在 3 m 以内，可采用单排顶砌法；边坡高在 5 m 以内，水位较高，可用两排顶砌或一排一顶构筑法保持坡脚稳定。同时，应在坡顶设挡水土堤或排水沟，防止冲刷坡面；在底部做排水沟，防止冲坏坡脚。

二、基坑（槽）支护（撑）

开挖基坑（槽）时，如地质条件及周围环境许可，采用放坡开挖是较经济的。但在建筑稠密地区施工，或有地下水渗入基坑（槽）时，往往不可能按要求的坡度放坡开挖，就需要进行基坑（槽）支护，以保证施工的顺利和安全，并减少对相邻建筑、管线等的不利影响。表 2-7 所列为一般沟槽的支护方法，主要采用横撑式支撑。

表 2-7 一般沟槽的支护方法

支撑方式	支撑方法及适用条件
间断式水平支撑	两侧挡土板水平放置，用工具式或横撑借木楔顶紧，挖一层土，支顶一层。适用于能保持直立壁的干土或天然湿度的黏十类土，地下水很少，深度在 2 m 以内
继续式水平支撑	挡土板水平放置，中间留出间隔，并在两侧同时对称设立楞木，再用工具式或横撑上、下顶紧。适用于能保持直立壁的干土或天然湿度的黏土类土，地下水很少，深度在 3 m 以内
连续式水平支撑	挡土板水平连续放置，不留间隙，在两侧同时对称设立楞木，上、下各顶一根撑木，端头加木楔顶紧。适用于较松散的干土或天然湿度的黏土类土，地下水很少，深度为 3~5 m
连续或间断式垂直支撑	挡土板垂直放置，连续或留有适当间隙，每侧上、下各水平顶一根枋木，再用横撑顶紧。适用于土质较松散或湿度很高的土，地下水较少，深度不限
水平垂直混合支撑	沟槽上部设连续或水平支撑，下部设连续或垂直支撑。适用于沟槽深度较大，下部有含水土层的情况

三、土方填筑、压实及机械化施工

（一）填方压实质量标准

填方的密度要求和质量指标通常以压实系数 λ_c 表示。压实系数为土的实际干土密度

ρ_{dmax} 与最大干土密度的比值。最大干土密度 ρ_{dmax} 是在最佳含水率时，通过标准的击实方法确定的。密实度要求，由设计根据工程结构性质、使用要求确定。如未做规定，可参考表 2-8 中的数值。

表 2-8　压实填土的质量控制

结构类型	填土部位	压实系数 λ_c	控制含水率/%
砌体承重结构和框架结构	在地基主要受力层范围内	≥0.97	$w_{op} \pm 2$
	在地基主要受力层范围外	≥0.95	
排架结构	在地基主要受力层范围内	≥0.96	
	在地基主要受力层范围外	≥0.94	

压实填土的最大干密度和最佳含水率，宜采用击实试验确定，当无试验资料时，可按下式计算：

$$\rho_{dmax} = \eta \frac{\rho_w d_s}{1 + 0.01 w_{op} d_s}$$

式中　ρ_{dmax} ——分层压实填土的最大干密度（t/m³）；

　　　η ——经验系数，黏土取 0.95，粉质黏土取 0.96，粉土取 0.97；

　　　ρ_w ——水的密度（t/m³）；

　　　d_s ——土粒相对密度；

　　　w_{op} ——填料的最佳含水率（%），可按当地经验取值或取 $wp + 2$（wp 为土的塑限）。

每层摊铺厚度和压实遍数，视土的性质、设计要求和使用的压实机具性能，通过现场碾（夯）压试验确定。

（二）土方填料与填筑要求

1. 土方填料的要求

填方土料应符合设计要求，设计无要求时应符合以下规定：

（1）碎石类土、砂土和爆破石碴（粒径不大于每层铺土厚的 2/3），可用于表层下的填料。

（2）含水率符合压实要求的黏性土，可作各层填料。

（3）淤泥和淤泥质土一般不能用作填料，但在软土地区，经过处理后，含水率符合压实要求的，可用作填方中次要部位的填料。

（4）填方土料含水率的大小直接影响夯实（碾压）质量，在夯实（碾压）前应进行预试验，以得到符合密实度要求的最佳含水率和最少夯实（或碾压）遍数。含水率过小，夯压（碾压）不实；含水率过大，则易成橡皮土。

（5）土料含水率一般以手握成团、落地开花为宜。若含水率过大，则应采取翻松、晾干、风干、换土回填、掺入干土或其他吸水性材料等措施。若土料过干，则应预先洒水润湿。

（6）当土料含水率小时，也可采取增加压实遍数或使用大功率压实机械等措施；当气候干燥时，须加快施工速度，减少土的水分散失；当填料为碎石类土时，碾压前应充分洒水湿透，以提高压实效果。

2. 土方的填筑要求

（1）人工填筑要求

①从场地最低部分开始，由一端向另一端自下向上分层铺填。每层虚铺厚度，用打夯机械夯实时不大于 25 cm。采取分段填筑，交接处应填成阶梯形。

②墙基及管道应在两侧用细土同时均匀回填、夯实，防止墙基及管道中心线产生位移。

③回填用打夯机夯实，两机平行时间距不小于 3m，在同一路线上，前后间距不小于 10 m。

（2）机械填土要求

①推土机填土。自下而上分层铺填，每层虚铺厚度不大于 30 cm。推土机运土回填，可采用分堆集中、一次运送的方法，分段距离为 10～15 m，以减少运土漏失量。用推土机来回行驶进行碾压，履带应重复宽度的一半。填土程序应采用纵向铺填顺序，从挖土区至填土区段，以 40～60 m 距离为宜。

②铲运机填土。铺填土区段长度不宜小于 20 m，宽度不宜小于 8 m，铺土应分层进行，每次铺土厚度不大于 30～50 cm，铺土后，空车返回时应将地表面刮平。

③汽车填土。自卸汽车成堆卸土，配以推土机摊平，每层厚度不大于 30～50 cm，汽车不能在虚土层上行驶，卸土推平和压实工作须分段交叉进行。

（三）填土压实方法

1. 碾压法

碾压法是利用机械滚轮的压力压实土壤，使之达到所需的密实度。碾压机械有平碾、羊足碾等。平碾又称光碾压路机，是一种以内燃机为动力的自行压路机。平碾按质量等级分为轻型（30～50 kN）、中型（60～90 kN）和重型（100～140 kN）三种。平碾适用于压实砂类土和黏性土。羊足碾一般无动力，靠拖拉机牵引，有单筒、双筒两种。根据碾压要求，羊足碾又可分为空筒、装砂和注水三种。羊足碾虽然与土接触面积小，但对单位面积土产生的压力比较大，土壤压实的效果好。羊足碾适用于对黏性土的压实。

碾压机械压实填方时，行驶速度不宜过快，一般平碾行驶速度被控制在 24km/h，羊足碾为 3 km/h，否则会影响压实效果。

2. 夯实法

夯实法是利用夯锤自由下落的冲击力来夯实土，主要用于小面积回填。夯实法分为人工夯实和机械夯实两种。

人工夯实用的工具有木夯、石夯等。夯实机械有夯锤、内燃夯土机和蛙式打夯机。蛙式打夯机是常用的小型夯实机械，轻便灵活，适用于小型土方工程的夯实工作，多用于夯打灰土和回填土。夯锤是借助起重机悬挂重锤进行夯土的机械。夯锤底面面积为 0.15～0.25 m^2，质量在 1.5 t 以上，落距一般为 2.5～4.5m，夯土影响深度大于 1 m，适用于夯实砂性土、湿陷性黄土、杂填土以及含有石块的土。

3. 振动压实法

振动压实法是将振动压实机放在土层表面，借助振动机使压实机械振动，土颗粒发生相对位移而达到紧密状态。这种方法主要用于非黏性土的压实。若使用振动碾进行碾压，可使土受到振动和碾压两种作用，碾压效率高，适用于大面积填方工程。对于密度要求不高的大面积填方，在缺乏碾压机械时，可采用推土机、拖拉机或铲运机结合行驶、推（运）土、平土来压实。

（四）影响填土压实质量的因素

填土压实质量与许多因素有关，其中主要影响因素为压实功、土的含水率以及铺土厚度。

1. 压实功

填土压实后的干密度与压实机械在其上施加的功有一定关系。在开始压实时，土的干密度急剧增加，待到接近土的最大干密度时，压实功虽然增加许多，但土的干密度几乎没有变化。因此，在实际施工中，不要盲目地增加压实遍数。

2. 土的含水率

在同一压实功条件下，填土的含水率对压实质量有直接影响。较为干燥的土，土颗粒之间的摩擦力较大，因而不易压实。当土具有适当含水率时，水起到润滑作用，土颗粒之间的摩擦力减小，从而易压实。相比之下，严格控制最佳含水率，要比增加压实功效果好得多。

当含水率不足且洒水困难时，适当增大压实功，可以收到较好的压实效果；当土的含水率过大时增大压实功，必将出现弹簧现象，以致压实效果很差，造成返工浪费。因此，在土基压实施工中，控制最佳含水率是关键所在。各种土的最佳含水率和所获得的最大干密度，可由击实试验取得。

3. 铺土厚度

土在压实功的作用下，压应力随深度增加逐渐减小，其影响深度与压实机械、土的性质和含水率有关。铺土厚度应小于压实机械压土时的作用深度，但其中涉及最优土层厚度问题：铺得过厚，要压多遍才能达到规定的密实度；铺得过薄，则要增加机械的总压实遍数。恰当的铺土厚度能使土方更好地压实且使机械耗费功最小。

实践经验表明：土基压实时，在机具类型、土层厚度及行程遍数已确定的条件下，压实操作时宜按先轻后重、先慢后快、先边缘后中间的顺序进行。压实时，相邻两次的轮迹应重叠轮宽的 1/3，保持压实均匀，不漏压，对于压不到的边角，应辅以人力或小型机具夯实。在压实过程中，应经常检查含水率和密实度，以达到规定的压实度。

（五）土方工程机械化施工

1. 推土机

推土机是在履带式拖拉机的前方安装推土铲刀（推土板）制成的。按铲刀的操纵机构不同，推土机可分为索式和液压式两种。

推土机能单独完成挖土、运土和卸土工作，具有操纵灵活、运转方便、所需工作面较小、行驶速度较快等特点。推土机主要适用于一至三类土的浅挖短运，如场地清理或平整，开挖深度不大的基坑，以及回填、推筑高度不大的路基等。此外，推土机还可以牵引其他无动力的土方机械，如拖式铲运机、松土器、羊足碾等。

推土机推运土方的运距一般不超过 100m，运距过长，从铲刀两侧流失的土过多，则会影响其工作效率。经济运距一般为 30~60 m，铲刀刨土长度一般为 6~10 m。为提高生产率，推土机可采用下述方法施工：

（1）下坡推土

推土机顺地面坡势沿下坡方向推土，借助机械往下的重力作用，增大铲刀切土深度和运土数量，提高推土机能力，缩短推土时间，一般可提高 30%~40% 的作业效率；但坡度不宜大于 15°，以免后退时爬坡困难。

（2）槽形推土

当运距较远、挖土层较厚时，利用已推过的土槽再次推土，可以减少铲刀两侧土的散漏，作业效率可提高 10%~30%。槽深以 1 m 左右为宜，槽间土埂宽约 0.5 m。推出多条槽后，再将土埂推入槽内，然后运出。

此外，推运疏松土壤且运距较大时，还应在铲刀两侧装置挡板，以增加铲刀前土的体积，减少土向两侧的散失。在土层较硬的情况下，可在铲刀前面装置活动松土齿，当推土机倒退回程时，即可将土翻松，减少切土时的阻力，从而提高切土运行速度。

（3）并列推土

对于大面积的施工区，可用 2~3 台推土机并列推土。推土时，两铲刀宜相距 15~30 cm，这样可以减少土的散失且增大推土量，提高 15%~30% 的作业效率；但平均运距不宜超过 50~75 m，也不宜小于 20 m，且推土机数量不宜超过 3 台，否则会使推土机倒车不便，行驶不一致，反而影响作业效率。

（4）分批集中，一次推送

当运距较远而土质又比较坚硬时，由于切土的深度不大，宜采用多次铲土、分批集中、一次推送的方法，使铲刀前保持满载，以提高作业效率。

2. 铲运机

铲运机是一种能综合完成挖、装、运、填的机械，对行驶道路要求较低，操纵灵活，效率较高。铲运机按行走机构的不同，可分为自行式铲运机和拖式铲运机两种；按铲斗操纵方式的不同，可分为索式和油压式两种。

铲运机一般适用于含水率不大于 27% 的一至三类土的直接挖运，常用于坡度在 20° 以内的大面积场地平整、大型基坑的开挖、堤坝和路基的填筑等，不适于在砾石层、冻土地带和沼泽地区使用。坚硬土开挖时要用推土机助铲或用松土器配合。拖式铲运机的运距以不超过 800m 为宜，当运距在 300m 左右时效率最高；自行式铲运机的行驶速度快，可用于稍长距离的挖运，其经济运距为 800~1500 m，但不宜超过 3500 m。

（1）铲运机的开行路线

铲运机的基本作业是铲土、运土、卸土三个工作行程和一个空载回驶行程。在施工中，由于挖填区的分布情况不同，为了提高生产率，应根据不同的施工条件（工程大小、运距长短、土的性质和地形条件等），选择合理的开行路线和施工方法。由于挖填区的分布不同，应根据具体情况选择开行路线，铲运机的开行路线种类如下：

①环形路线。地形起伏不大、施工地段较短时，多采用环形路线。

②"8"字形路线。施工地段加长或地形起伏较大时，多采用"8"字形路线。

（2）铲运机的作业方法

①下坡铲土法。铲运机利用地形进行下坡铲土，借助铲运机的重力，加深铲斗切土深度。采用这种方法可缩短铲土时间，但纵坡坡度不得超过 25°，横坡坡度不得大于 5°，而且铲运机不能在陡坡上急转弯，以免翻车。

②跨铲法。铲运机间隔铲土，预留土埂。这样，在间隔铲土时由于形成一个土槽，可

减少向外撒土量；铲土埂时，可使铲土阻力减小。一般土埂高不大于 300 mm，宽度不大于拖拉机两履带间的净距。

③推土机助铲法。地势平坦、土质较坚硬时，可用推土机在铲运机后面顶推，以加大铲刀切土能力，缩短铲土时间，提高生产率。

④双联铲运法。当拖式铲运机的动力有富余时，可在拖拉机后面串联两个铲斗进行双联铲运。对坚硬土层，可用双联单铲，即一个土斗铲满后，再铲另一土斗；对松软土层，则可用双联双铲，即两个土斗同时铲土。

3. 单斗挖土机

单斗挖土机是土方开挖的常用机械。单斗挖土机按行走装置可分为履带式和轮胎式两类；按传动方式可分为索具式和液压式两种；按工作装置可分为正铲、反铲、拉铲和抓铲四种。使用单斗挖土机进行土方开挖作业时，一般需自卸汽车配合运土。

（1）正铲挖土机

正铲挖土机挖掘能力强，生产率高，适用于开挖停机面以上的一至三类土，它与运土汽车配合能完成整个挖运任务，可用于开挖大型干燥基坑以及土丘等。

正铲挖土机的挖土特点是"前进向上，强制切土"，根据开挖路线与运输汽车相对位置的不同，一般有以下两种开挖方式。

①正向开挖，侧向卸土。正铲向前进方向挖土，汽车在正铲的侧向装土。此方法铲臂卸土回转角度最小（小于90°），装车方便，循环时间短，生产效率高，用于开挖工作面较大、深度不大的边坡、基坑（槽）、沟渠和路堑等，它是最常用的开挖方法。

②正向开挖，后方卸土。正铲向前进方向挖土，汽车停在正铲的后面。此方法开挖工作面较大，但铲臂卸土回转角度较大（约为180°），且汽车要侧向行车，增加工作循环时间，使生产效率降低（若回转角度为180°，效率约降低23%；若回转角度为130°，效率约降低13%），其用于开挖工作面较小且较深的基坑（槽）、管沟和路堑等。

（2）反铲挖土机

反铲挖土机适用于开挖停机面以下的土方，一般反铲挖土机的最大挖土深度为 4~6 m，经济合理的挖土深度为 3~5 m。其挖土特点是"后退向下，强制切土"，挖土能力比正铲小，适用于开挖一至三类土，需要汽车配合运土。

反铲挖土机的开挖可以采用沟端开挖法和沟侧开挖法。

①沟端开挖法。反铲挖土机停于基坑或基槽的端部，后退挖土，向沟侧弃土或装车运走。其优点是挖土方便，挖掘深度和宽度较大。

②沟侧开挖法。反铲挖土机停于基坑或基槽的一侧，向侧面移动挖土，能将土体弃于沟边较远的地方，但挖土机的移动方向与挖土方向垂直，稳定性较差，且挖土的深度和宽

度均较小，不易控制边坡坡度。因此，只在无法采用沟端开挖法或所挖的土体不需运走时采用此方法。

（3）拉铲挖土机

拉铲挖土机的土斗用钢丝绳悬挂在挖土机长臂上，挖土时土斗在自重作用下落到地面切入土中。其挖土特点是"后退向下，自重切土"。其挖土深度和挖土半径均较大，能开挖停机面以下的一至二类土，但不如反铲动作灵活准确。拉铲挖土机适用于开挖较深、较大的基坑（槽）、沟渠，挖取水中泥土以及填筑路基，修筑堤坝等。

（4）抓铲挖土机

机械传动抓铲挖土机是在挖土机臂端用钢丝绳吊装一个抓斗。其挖土特点是"直上直下，自重切土"。其挖掘力较小，能开挖停机面以下的一至二类土，适用于开挖软土地基基坑，特别是其中窄而深的基坑、深槽、深井采用抓铲效果理想。抓铲也可用于疏通旧有渠道以及挖取水中淤泥等，或用于装卸碎石、矿渣等松散材料。抓铲还可采用液压传动操纵抓斗作业，其挖掘力和精度优于机械传动抓铲挖土机。

第三节　施工排水与降水

在土方开挖过程中，当基坑（或沟槽）底面标高低于地下水位时，由于土的含水层被切断，地下水会不断渗入坑内。场地积水将影响施工，雨期施工时，地面水也会流入坑内。为保证土方及后续工程施工的顺利进行，应采取降水措施施工或及时排走流入坑内的地下水、地面水，以保证开挖土体的干燥。

排除地面水（包括雨水、施工用水、生活污水等）通常采用设置排水沟（疏）、截水沟（堵）或修筑土堤（挡）等设施进行，并尽量利用原有的排水系统，使用临时性排水设施与永久性排水设施相结合的办法。

基坑降水的方法有集水坑降水法（也称明排水法）和井点降水法。集水坑降水法一般适用于降水深度较小且土层为粗粒土层或渗水量小的黏性土层。如降水深度较大，或地层为细砂、粉砂或软土地区时，宜采用井点降水法。当采用井点降水法仍有局部地区降水深度不足时，可辅以集水坑降水。无论采用何种降水方法，降水工作都要持续到基础施工完毕且土方回填完成后方可停止降水。

一、集水坑降水法

集水坑降水是在基坑开挖过程中，在坑底设置若干个集水坑，并沿坑底的周围或中央开挖排水沟，使水流入集水坑中，然后用水泵抽走。抽出的水应予引开，以防倒流。雨期施工时应在基坑四周或水的上游，开挖截水沟或修筑土堤，以防地面水流入坑内。

（一）集水坑设置

集水坑应设置在基础范围以外、地下水走向的上游。根据地下水量大小、基坑平面形状及水泵能力，集水坑每隔 20~40m 设置一个。

集水坑的直径或宽度，一般为 0.6~0.8m。集水坑底深度随着挖土的加深而加深，要经常低于挖土面 0.7~1.0m。井壁可用竹、木等材料简易加固。当基坑挖至设计标高后，集水坑底应低于基坑底面 1.0~2.0m。坑底铺设碎石滤水层，以免在抽水时间较长时将泥沙抽出，并防止坑底的土被搅动。

当基坑开挖的土层由多种土组成，中部夹有透水性的砂类土，基坑侧壁出现分层渗水时，可在基坑边坡上按不同高层分层设置排水沟和集水坑构成明排水系统，分层阻截和排除上部土层中的地下水，避免因上层地下水冲刷基坑下部边坡造成塌方。

（二）流砂及其防治

当地下水位以下的土质为细砂土或粉砂土时，如果采用集水坑降低基坑工程的地下水位，坑下的土有时会形成流动状态，并随着地下水流入基坑，这种现象称为流砂现象。出现流砂现象时，土完全丧失承载力，土体边挖边冒，使施工条件恶化，基坑难以挖到设计深度，严重时会引起基坑边坡塌方，邻近建筑因地基被掏空而出现开裂、下沉、倾斜甚至倒塌。

产生流砂现象的原因：产生流砂现象的原因有其内因和外因。内因取决于土壤的性质。当土的孔隙率大、含水量大、黏粒含量少、粉粒多、渗透系数小、排水性能差等均容易产生流砂现象。因此，流砂现象经常发生在细砂、粉砂和亚砂土中；但会不会发生流砂现象，还应具备一定的外因条件，即地下水及其产生动水压力的大小。流动中的地下水对土颗粒产生的压力称为动水压力。

动水压力与水力坡度：成正比，水位差越大，动水压力越大，而渗透路程越长，动水压力越小。产生流砂现象主要是由于地下水的水力坡度大，即动水压力大，而且动水压力的方向与土的重力方向相反，土不仅受水的浮力，而且受动水压力的作用，有向上举的趋势，如图 1-19b 所示。当动水压力等于或大于土的浸水密度时，土颗粒处于悬浮状态，并随地下水一起流入基坑，即发生流砂现象。流砂现象一般发生在细砂、粉砂及亚砂土中。在粗大砂砾中，因孔隙大，水在其间流过时阻力小，动水压力也小，不易出现流砂。而在黏性土中，由于土粒间内聚力较大，不会发生流砂现象，但有时在承压水作用下会出现整体隆起现象。

流砂防治方法：由于在细颗粒、松散、饱和的非黏性土中发生流砂现象的主要条件是动水压力的大小和方向。当动水压力方向向上且足够大时，土转化为流砂，而动水压力方向向下时，又可将流砂转化成稳定土。因此，在基坑开挖中，防治流砂的原则是"治流砂必先治水"。防治流砂的主要途径有：减少或平衡动水压力；设法使动水压力方向向下；截断地下水流。具体措施有以下几点：

枯水期施工法：枯水期地下水位较低，基坑内外水位差小，动水压力小，不易产生流砂。

抢挖并抛大石块法：分段抢挖土方，使挖土速度超过冒砂速度，在挖至标高后立即铺竹、芦席，并抛大石块，以平衡动水压力，将流砂压住。此法适用于治理局部的或轻微的流砂。

设止水帷幕法：将连续的止水支护结构（如连续板桩、深层搅拌桩、密排灌注桩等）打入基坑底面以下一定深度，形成封闭的止水帷幕，从而使地下水只能从支护结构下端向基坑渗流，增加地下水从坑外流入基坑内的渗流路程，减小水力坡度，从而减小动水压力，防止流砂产生。

水下挖土法：采用不排水施工，使基坑内外水压平衡，流砂无从发生。此法在沉井施工中经常采用。

人工降低地下水位法：采用井点降水法，使地下水位降低至基坑底面以下，使地下水的渗流向下，则动水压力的方向也向下，从而水不能渗流入基坑内。此法可有效地防止流砂的发生。因此应用比较广泛。

此外，采用地下连续墙、压密注浆法、土壤冻结法等阻止地下水流入基坑，也可以防止流砂。

二、井点降水法

井点降水法就是在基坑开挖前，预先在基坑四周埋设一定数量的滤水管（井），利用抽水设备从中抽水，使地下水位降落到坑底以下。在基坑开挖过程中不断抽水，从根本上防止流砂发生，改善了工作条件。同时，土内水分排出后，边坡可改陡，以减小挖土量，还可以防止基底隆起和加速地基固结，提高工程质量。但需要注意的是，在降低地下水位的过程中，基坑附近的地基土会产生一定的沉降，施工时应考虑这一因素的影响。

井点降水法的井点类别有：轻型井点、喷射井点、管井井点、深井井点以及电渗井点等，可根据土的渗透系数、降低水位的深度、工程特点及设备条件等。实际工程中轻型井点和管井井点应用较广。

（一）轻型井点

轻型井点就是沿基坑的四周将许多直径较细的井点管埋入地下蓄水层内，井点管的上端通过弯联管与总管相连接，利用抽水设备将地下水从井点管内不断抽出。

轻型井点设备由管路系统和抽水设备组成。管路系统包括：滤管、井点管、弯联管及总管等。滤管是井点设备的一个重要部分，其构造是否合理，对抽水效果影响较大。滤管的直径为38~51mm，长度为1.0~1.5m，管壁上钻有直径为12~19mm的小圆孔，外包两层滤网。网孔过小，则阻力大，容易堵塞，网孔过大，则易进入泥沙。因此，内层细滤网宜采用铜丝布或尼龙丝布，外层粗滤网宜采用塑料带编织纱布。为使水流畅通，避免滤孔淤塞时影响水流进入滤管，在管壁与滤网之间用细塑料管或钢丝绕成螺旋状将两者隔开。滤管的外面用带孔的薄铁管或粗钢丝网保护。滤管下端为一塞头（铸铁或硬木）。

井点管宜采用直径为38~51mm的钢管，其长度为6~10m，可整根或分节组成。井点管的上端用弯联管与总管相连。弯联管一般采用橡胶软管或透明塑料管，宜装有阀门，以便检修井点。采用透明塑料管的，能随时看到井点管的工作情况。

总管宜采用直径为100~127mm的钢管，总管每节长度为4m，其上每隔0.8m或1.2m设有一个与井点管连接的短接头。

抽水设备：常采用的有真空泵设备与射流泵设备两类。

真空泵抽水设备：由真空泵、离心泵和水气分离器等组成。抽水时先开动真空泵，使土中的水分和空气受真空吸力产生水气化（水气混合液）经管路系统向上跳流到水气分离器中，然后开动离心泵。在水气分离器内水和空气向两个方向流去，水经离心泵由出水管排出，空气则集中在水气分离器上部由真空泵排出。如水多，来不及排出时，水气分离器内浮筒浮上，由阀门将通向真空泵的通路关住，保护真空泵，不使水进入缸体。副水气分离器的作用是滤清从空气中带来的少量水分使其落入该器下部放水口放出，以保证水不致吸入真空泵内。过滤室用以防止由水流带来的部分细砂磨损机械。水气分离器与总管连接的管口，应高于其底部0.3~0.5m，使水气分离器内保持一定水位，不致被水泵抽空，并使真空泵停止工作时，水气分离器内的水不致倒流回基坑。

射流泵抽水设备：由离心泵、射流器、循环水箱等组成。工作原理是：离心泵将循环水箱里的水压入射流器内由喷嘴喷出时，由于喷嘴处断面收缩而使水流速度骤增，压力骤降，使射流器空腔内产生部分真空，把井点管内的水、气吸上来进入水箱，待箱内水位超过泄水口时自动溢出，排至指定地点。

射流泵抽水设备：与真空泵抽水设备相比，具有结构简单、体积小、重量轻、制造容易、使用维修方便、成本低等优点，便于推广。但射流泵抽水设备排气量较小，对真空度的波动比较敏感，且易于下降，使用时要注意管路密封，否则会降低抽水效果。一套射流泵抽水设备可带动总管长度30~50m，适用于粉砂、粉土等渗透性较小的土层中降水。

轻型井点布置：轻型井点布置，应根据基坑平面形状及尺寸、基坑深度、土质、地下水位高低与流向、降水深度要求等而定。井点布置的是否恰当，对井点的施工进度和使用效果影响较大。

平面布置：当基坑或沟槽宽度小于6m，且降水深度不超过5m时，一般可采用单排线状井点，布置在地下水流的上游一侧，其两端的延伸长度一般不小于坑（槽）宽。如基坑宽度大于6m或土质不良，则宜采用双排井点。当基坑面积较大时，宜采用环形井点；有时为了施工需要，也可留出一段（地下水流下游方向）不封闭或布置成U形。井点管距离基坑壁一般不宜小于0.7~1.0m，以防局部发生漏气。井点管间距应根据土质、降水深度、工程性质等按计算或经验确定，一般为0.8~1.6m，不超过2m，在总管拐弯处或靠近河流处，井点管应适当加密，以保证降水效果。

一套抽水设备能带动的总管长度，一般为100~120m。采用多套抽水设备时，井点系统要分段，各段长度应大致相等，其分段地点宜选择在基坑拐弯处，以减少总管弯头数量，提高水泵抽吸能力。泵宜设置在各段总管的中部，使泵两边水流平衡。采用环形井点时，应在泵对面（即环圈一半处）的总管上装设阀门。多套抽水设备的环形井点，宜分段装设阀门，以免管内水流紊乱，影响抽水效果。如果环形井点分段位于拐弯处，也可将总管断开。

高程布置：从理论上说，利用真空泵抽吸地下水时，其降水深度可达10.3m。但由于井点管与水泵在实际制造过程中和使用时都会产生水头损失，因此，在实际布置井点管时，管壁处（不包括滤管）降水深度以不超过6m为宜。在确定井点管的埋置深度时，还要考虑井点管一般是标准长度，井点管露出地面为0.2~0.3m。在任何情况下，滤管必须埋在透水层内。

井点管的埋置深度H（不包括滤管），可按下式计算

$$H \geqslant H_1 + h + iL$$

式中　H_1——井点管的埋置面至基坑底面的距离（m）；

　　　　h——基坑中心线底面至降低后的地下水位线的距离，一般取0.5~1.0m；

　　　　i——水力坡度，环形井点取1/10，单排线状井点取1/4；

　　　　L——井点管至基坑中心（环状井点）或基坑对边（单排线状井点）的水平距离（m）。

根据式算出的H值，如大于井点管长度，则应降低井点管的埋置面，以适应降水深度要求，通常可事先挖槽，使集水总管的布置标高接近于原地下水位线，以适应降水深度的要求。

为了充分利用抽吸能力，总管的布置标高宜接近原有地下水位线（要事先挖槽），水泵轴心标高宜与总管齐平或略低于总管。总管应具有0.25%~0.5%坡度，坡向泵房。在降水深度不大，真空泵抽吸能力富裕时，总管与抽水设备也可放在天然地面上。

当一级轻型井点达不到降水深度要求时，可视土质情况，先用其他方法排水（如集水坑降水），然后挖去干土，将总管安装在原有地下水位线以下，以增加降水深度，或采用二级（甚至多级）轻型井点，即先挖去第一级井点所疏干的土，然后再在其底部装设第二级井点。

轻型井点计算轻型井点的计算内容包括：

涌水量计算，井点管数量与井距的确定等。井点计算由于受水文地质和井点设备等因素影响，算出的数值只是近似值。有些单位，常参照过去实践中积累的料，并不计算。但对非标准设备的井点、渗透系数大的土中的井点、近河岸的井点及多级井点等，计算工作就更为重要。

水井根据地下水有无压力，分为无压井和承压井。凡抽吸的地下水是无压潜水（即地下水面为自由水面），则该井称为无压井，凡抽吸的地下水是承压水（即地下水面承受不透水性土层的压力），则该井称为承压井。水井根据井底是否达到不透水层，又分为完整井和非完整井。凡井底达到不透水层时，称为完整井，否则称为非完整井。各类井的涌水量计算方法都不同，其中以完整井的理论较为完善。

涌水量计算。水井开始抽水后，井中水位逐步下降，周围含水层中的水即流向该水位降低处。经过一定时间的抽水结果，井周围原有水位就由水平面变成向井倾斜的弯曲面。最后弯曲面渐趋稳定，形成水位降落漏斗。自井轴线至漏斗外缘（该处原有水位不变）的水平距离称为抽水影响半径。

轻型井点系统是由许多井点同时抽水，各个单井水位降落漏斗彼此干扰，其涌水量比单独抽水时要小，所以总涌水量不等于各单井涌水量之和。井点系统总涌水量，可把由各井点管组成的群井系统。

由于基坑大多不是圆形，因而不能直接得到。当矩形基坑长宽比不大于5时，环形布置的井点可近似作为圆形井来处理，并用面积相等原则确定，此时将近似圆的半径作为矩形水井的假想半径。

当矩形基坑长宽比大于5时或基坑宽度大于抽水影响半径的两倍时，需将基坑分块，使其符合计算公式的适用条件，然后按块计算涌水量，将其相加即为总涌水量。

在实际工程中往往会遇到无压非完整井的井点系统。这时地下水不仅从井的侧面流入，还从井底渗入。因此涌水量要比完整井大。

确定井点管间距时，还应注意：井距过小时，彼此干扰大，影响出水量，因此井距必须大于 15 倍管径；在渗透系数小的土中井距宜小些，否则水位降落时间过长；靠近河流处，井点宜适当加密；井距应能与总管上的接头间距相配合，常取 0.8m、1.2m、1.6m、2.0m 等。最后，根据实际采用的井点管间距，确定所需的井点管根数。

轻型井点抽水设备选择对于真空泵抽水设备，干式（往复式）真空泵采用较多，但要注意防止水分渗入真空泵。干式真空泵常用的型号为 V5 型和 V6 型。采用 V5 型时，总管长度不大于 100m，井点管数量约 80 根；采用 V6 型时，总管长度不大于 120m，井点管数量约 100 根。

水泵一般也配套固定型号，但使用时还应验算水泵的流量是否大于井点系统的涌水量（应大于 10%~20%），水泵的扬程是否能克服集水箱中的真空吸力，以免抽不出水。

轻型井点的施工轻型井点系统的施工，主要包括施工准备、井点系统安装与使用及井点拆除。

准备工作包括井点设备、动力、水源及必要材料的准备，开挖排水沟，观测附近建筑物标高以及实施防止附近建筑物沉降的措施等。

埋设井点的程序是：挖井点沟槽→排放总管→埋设井点管→接通井点与总管→安装抽水设备。

井点管的埋设可以采用以下方法：利用冲水管冲孔后埋设井点管、钻孔后沉放井点管、直接利用井点管水冲下沉、以带套管的水冲法或振动水冲法成孔后沉放井点管。

当采用冲水管冲孔时，有冲孔与埋管两个过程。冲孔时，先用起重设备将冲管吊起并插在井点的位置上，然后开动高压水泵，将土冲松，边冲边沉。冲孔直径一般为 300mm，以保证并管四周有一定厚度的砂滤层，冲孔深度宜比滤管底深 0.5m 左右，以防冲管拔出时，部分土颗粒沉于底部而触及滤管底部。

井孔冲成后，立即拔出冲管，插入井点管，并在井点管与孔壁之间迅速填灌砂滤层，以防孔壁塌土。砂滤层的填灌质量是保证轻型井点顺利抽水的关键，一般宜选用干净粗砂，填灌均匀，并填至滤管顶上 1~1.5m，以保证水流畅通。

井点填砂后，在地面以下 0.5~1.0m 范围内须用黏土封口，以防漏气。

井点管埋设完毕，应接通总管与抽水设备进行试抽水，检查有无漏水、漏气，出水是否正常、有无淤塞等现象。如有异常情况，应检修好后方可使用。

井点管使用：井点管使用时，应保证连续不断地抽水，并准备双电源，按照正常出水规律操作。抽水时需要经常观测真空度以判断井点系统工作是否正常。真空度一般应不低于 55.3~66.7kPa，并检查观测井中水位下降情况。如果有较多井点管发生堵塞，影响降水效果时，应逐根用高压水反向冲洗或拔出重埋。

轻型井点使用时，一般应连续抽水，特别是开始阶段。时抽时停，滤网易堵塞，也容易抽出土粒，使出水混浊，并会引起附近建筑物由于土粒流失而沉降开裂；同时由于中途停抽，地下水回升，也会引起土方边坡坍塌等事故。

轻型井点的正常出水规律是"先大后小，先浑后清"，否则应立即检查纠正。必须经常观测真空度，如发现不足，则应立即检查井点系统有无漏气并采取相应的措施。

在抽水过程中，应调节离心泵的出水阀以控制出水量，使抽吸排水保持均匀，并应检查有无"死井"，即井点管淤塞（正常工作的井点管，用手探摸时，有"冬暖夏凉"的感觉）。如死井太多，严重影响降水效果时，应逐个用高压水反向冲洗或拔出重埋。

井点降水工作结束后所留的井孔，必须用砂砾或黏土填实。采用轻型井点降水时，还应对附近建筑物进行沉降观测，必要时应采取防护措施。

（二）管井井点

管井井点就是沿基坑每隔一定距离设置一个管状井，每个管状井单独用一台水泵不断抽水，从而降低地下水位。在土的渗透系数大（$K = 20 \sim 200 \text{m/d}$）的土层中或地下水充沛的土层中，适宜采用管井井点。

管井井点的设备主要是由管井、吸水管及水泵组成。管井可用钢管、混凝土管及焊接钢筋骨架管等。钢管管井的管身采用直径为 $150 \sim 250 \text{mm}$ 的钢管，其过滤部分（滤管）采用钢筋焊接骨架（密排螺旋箍筋）外包细、粗两层滤网，长度为 $2 \sim 3 \text{m}$。混凝土管井的内径为 400mm，管身为实管，滤管的孔隙率为 $20\% \sim 25\%$。焊接钢筋骨架管直径可达350mm，管身为实管或与滤管相同（上下皆为滤管，透水性好）。

管井的间距，一般为 $20 \sim 50 \text{m}$，深度为 $8 \sim 15 \text{m}$。管井的中心距基坑边缘的距离要求如下：当采用泥浆护壁钻孔法成孔时，不小于 3m；当采用泥浆护壁冲击钻成孔时，不小于 0.5m。

管井井管的沉设，可采用钻孔法成孔（泥浆护壁或套管成孔）。钻孔的直径，应比井管外径大 200mm，深度宜比井管长 $0.3 \sim 0.5 \text{m}$。下井管前应进行清孔，然后沉放井管并随即用粗砂或 $5 \sim 15 \text{mm}$ 的小砾石填充井管周围至含水层顶以上 $3 \sim 5 \text{m}$ 作为过滤层，过滤层之上井管周围改用黏土填充密封，长度不小于 2m。

管井沉设中的最后一道工序是洗井。洗井的作用是清除井内泥砂和过滤层淤塞，使井的出水量达到正常要求。常用的洗井方法有水泵洗井法、空气压缩机洗井法等。

管井井口应设置防护盖板或围栏，设置明显的警示标志。降水完成后，应及时将井孔填实。

（三）喷射井点

当基坑开挖较深，降水深度要求较大时，可采用喷射井点降水。其降水深度可达 8～

20m，可用于渗透系数为 0.1~50m/d 的砂土、淤泥质土层。喷射井点设备由喷射井管、高压水泵、进水管路、排水管路组成。

当基坑宽度小于 10m 时，喷射井点可单排布置；大于 10m 时，喷射井点可双排布置，面积较大，喷射井点可环形布置。井点间距一般采用 1.5~3m。

施工顺序：安装水泵及泵的进出水管路；敷设进水总管和回水总管；沉设井点管并灌填砂滤料，接进水总管后及时进行单根井点试抽，检验；全部井点管沉设完毕后，接通回水管，全面试抽，检查整个降水系统的运转情况及降水效果；然后让工作水进行正式工作。

三、降水对周围环境的影响和措施

在软土中进行井点降水时，由于地下水位下降，使土层中黏性土含水量减少产生固结、压缩；土层中夹入的含水砂层浮托力减小而产生压密；由于土层的不均匀性和形成的水位呈漏斗状，地面沉降多为不均匀沉降，可能导致周围的建筑物倾斜、下沉、道路开裂或管线断裂。因此，井点降水时，必须采取相应措施，以防造成危害。

在基坑开挖过程中，为防止因降水影响或损害降水范围内的地面结构（包括建筑物、地面及地下管线等），可采取以下措施：

减缓降水速度具体做法是加长降水井点，减缓降水速度（调小离心泵阀），并根据土的粒径改换滤网，加大砂滤层厚度，防止在抽水过程中带出土粒。

设置止水帷幕在降水区和原有建筑物之间的土层中设置一道止水帷幕，即在基坑周围设一道封闭的止水帷幕，使基坑外地下水的渗流路径延长，以保持水位。止水帷幕的设置可结合挡土支护结构设置或单独设置。常用的止水帷幕的做法有深层搅拌法、压密注浆法、密排灌注桩法、冻结法等。

回灌井点法在降水井点系统与需要保护的建筑物之间埋置一道回灌井点，向土层灌入足够数量的水，以形成一道隔水帷幕，使原有建筑物下的地下水位保持不变或降低较少，从而阻止了建筑物下地下水的流失。这样，也就不会因降水而使地面沉降，或减少沉降值。

回灌井点是防止井点降水损害周围建筑物的一种经济、简便、有效的办法，它能将井点降水对周围建筑物的影响减少到最低程度。为确保基坑施工的安全和回灌的效果，回灌井点与降水井点之间保持一定的距离，一般不宜小于 6m。为了观测降水及回灌后四周建筑物、管线的沉降情况及地下水位的变化情况，必须设置沉降观测点及水位观测井，并定时测量记录，以便及时调节灌水、抽水量，使灌水、抽水基本达到平衡，确保周围建筑物或管线等的安全。

第四节　基槽、基坑开挖施工

一、基槽、基坑放线及基底抄平

通过对基础图纸的审查得到建筑轴线与基坑（槽）开挖边线的关系，并根据建筑平面控制网建立的轴线控制桩，将基坑（槽）开挖边线位置通过放线工作在开挖区域的地面确定出来，并撒白灰进行标记。基坑（槽）开挖边线分为上口边线和下口边线。下口边线的控制直接影响基坑（槽）的边坡坡度，应严格控制避免超挖。基坑（槽）开挖通常是逐步加深的，应对每次加深的下口边线进行控制，直至达到基坑设计预留标高，使开挖完成的基坑（槽）边坡坡脚位置符合放坡要求。基坑（槽）底标高控制可以采用水准仪+悬挂钢尺的测量方法进行控制，具体方法可参照工程测量教材的相关内容。

基槽开挖应根据基础的形式分别开展测量工作。

（一）带形基础基槽的开挖测量

多层砖混结构的建筑基础通常采用带形基础（也称条形基础），属于浅基础。测量工作包括基槽开挖上口、下口线、基槽坡度放样以及基底高程测量。

首先根据设计图纸和开挖方案确定计算出开挖上口线和下口线的位置数据，然后利用轴线控制桩对其进行放样，并撒白灰线作为开挖标记。由于带形基础基槽一般深度不大，一次可以开挖到位。开挖深度可在测量观测的不断校核中逐步加深。

（二）独立基础基坑的开挖测量

独立基础基坑开挖的第一步同样需要根据图纸和开挖方案计算出基坑开挖上口线和下口线的位置。利用轴线控制桩对其进行放样，并撒白灰线进行标记。独立基础基坑属于浅基坑，施工方式与条形基础类似。

（三）整体开挖

当建筑采用筏板基础和箱形基础形式时，通常采用整体开挖方式。通常情况下，采用整体开挖的基坑多为深基坑。应处理好与周边相邻建筑物的相互关系。

尺寸。根据轴线尺寸数据计算基坑上口线、下口线的位置。

在开挖过程中应注意下口线和基坑边坡坡度的控制。每挖进 3~4m 时，采用"经纬仪挑线法"等方法,在开挖标高作业面上投测处轴线位置和下口线位置,据此确定下一步开挖的部位和范围;开挖过程中的标高控制可以通过"水准仪悬挂钢尺法"来控制基坑开挖面底部标高,并通过分层逐步开挖至基坑底预留标高位置。

带形基础的基槽开挖经过技术和经济评估也可以采用整体开挖方式。例如砖混结构的带形基础,在基槽开挖过程中为了控制槽底标高,通常在槽壁上高于设计槽底标高500mm的位置钉水平控制桩,水平距离不超过3m。当采用整体开挖方式时,房心土方不再预留,基槽变为大面积基坑。基底抄平需要在坑底测设标高控制桩,桩距不大于3m。人工清底时,在控制桩之间拉线控制清底厚度。

(四)基槽、基坑放线控制的技术要求

(1)带形基础放线,以轴线控制桩测设基槽边线并撒灰线,两灰线外侧为槽宽,共允许误差-10~+20mm。

(2)杯型基础放线,以轴线控制桩测设柱中心线,再以柱中心桩及其轴线方向定出柱基开挖边线,中心线的允许误差为±3mm。

(3)整体开挖基础放线,地下连续墙施工时,应以轴线控制桩测设连续墙中心线,中线横向允许误差为±10mm;混凝土灌注桩施工时,应以轴线控制桩测设灌注桩中心线,中线线横向允许误差±20mm;大开挖施工时应根据轴线控制桩分别测设出基槽上、下口径位置桩,并标定开挖边界线,上口桩允许误差为-20~50mm,下口桩允许误差为-10~+20mm。

(4)带形基础与杯型基础开挖中,应在槽壁上每隔3m距离测设距槽底设计标高500mm或1000mm的水平桩,允许误差为±5mm。

(5)整体开挖基础,当挖土接近槽底时,应及时测设坡脚与槽底上口标高,并拉通线控制槽底标高。

二、基坑开挖机械

基坑(槽)土方开挖采用的施工机械主要是单斗挖掘机。按行走方式分为履带式和轮的选型与土质状况、斗容量大小与土方工程量、工作面条件、运输机械的匹配等因素有关。

基坑土方开挖目前一般采用机械施工,由于不能准确地挖至设计标高,往往会造成地基扰动,因此,要预留200~300mm土层由人工铲除。

由于建筑结构的基础形式包括带形基础、独立基础、筏板基础和箱形基础等。基坑(槽)的平面形状和深度都形式多样。筏板基础和箱形基础采用整体大开挖方式;一般带

形基础和独立基础采用点式基坑和线式基槽开挖方式，特殊情况下通过技术经济论证也可以采用整体大开挖方式。

带形基础和独立基础的基坑（槽）深度通常比较浅，采用反铲挖掘机进行坑上开挖施工。筏板基础和箱形基础的基坑通常面积和深度较大，属于大型基坑开挖，挖掘机械需要下到坑底进行施工作业。

（一）正铲挖掘机施工

1. 挖土特点

"前进向上，强制切土"。能开挖停机面以上的一至四类土，其挖掘力大，生产率高。

2. 适用条件

宜用于开挖基坑壁高度大于 2m 的干燥基坑，但需设置上下坡道。

3. 挖土方式

（1）正向挖土侧向卸土

此法挖掘机卸土时，动臂回转角度小，运输工具行驶方便，生产率高，采用较广。

（2）正向挖土后方卸土

此法所挖的工作面较大，但回转角度大，生产率低，运输工具倒车开入，一般只用来开挖施工区域的进口处，以及工作面狭小且较深的基坑。

（二）反铲挖掘机施工

1. 挖土特点

"后退向下，强制切土"。其挖掘力比正铲小，能开挖停机面以下的一至二类土。

2. 适用条件

宜用于开挖深度不大于 4m 的基坑，对地下水位较高处也适用。

3. 挖土方式

反铲挖掘机主要用于开挖停机面以下深度不大的基坑（槽）或管沟及含水量大的土，普通反铲挖掘机的最大挖土深度为 4~6m，经济合理的挖土深度为 1.5~3.0m。挖出的土方卸在基坑（槽）、管沟的两边堆放或用推土机推到远处堆放，或配备自卸汽车运走。

（1）沟端开挖法

反铲停于沟端，后退挖土，往沟一侧弃土或用汽车运走。当沟的宽度较大时，运土车辆位于挖掘机后方，挖掘机回转角度大。挖掘机的机位可以沿沟端宽度移动，挖掘宽度不受机械最大挖掘半径限制，同时可挖到最大深度。

（2）沟侧开挖法

反铲停于沟侧，沿沟边开挖，汽车停在机旁装土，或往沟一侧卸土。挖掘机铲臂回转角度小，能将土弃于距沟边较远的地方，但边坡不好控制，一般用于横挖土层和需将土方卸到离沟边较远的距离时使用。

（三）拉铲挖掘机施工

1. 挖土特点

"后退向下，自重切土"，挖掘半径和深度都很大，挖掘能力略低。不如反铲和正铲挖掘机灵活，工效略低。

2. 适用条件

拉铲挖掘机适用于挖掘一至三类的土，开挖较深较大的基坑（槽）、沟渠，挖取水中泥土以及填筑路基、修筑堤坝等。

3. 挖土方式

（1）沟端开挖

拉铲停在沟端，倒退着沿沟纵向开挖，一次开挖宽度可以达到机械挖土半径的两倍，能两面出土，汽车停放在一侧或两侧，装车角度小，坡度较易控制，并能开挖较陡的坡，适用于就地取土填筑路基及修筑堤坝等。

（2）沟侧开挖

拉铲停在沟侧沿沟横向开挖，沿沟边与沟平行移动，开挖宽度和深度均较小，一次开挖宽度约等于挖土半径。如沟槽较宽，可在沟槽的两侧开挖。本法开挖边坡不易控制，适于挖就地堆放以及填筑路堤等工程。

（四）抓铲挖掘机施工

1. 挖土特点

"垂直上下，自重切土"，挖掘力较小。只能在回转半径范围内挖土、卸土，但是卸土高度可以比较高。挖土时，一般均需加配重，以防翻车。

2. 适用条件

抓铲挖掘机适用于开挖土质比较松软，施工面狭窄而深的基坑、深槽、沉井挖土，清理河泥等工程。或用于装卸碎石、矿渣等松散材料。

3. 挖土方式

对小型基坑，抓铲立于一侧抓土，对较宽的基坑，则在两侧或四侧抓土，抓铲应离基坑边一定距离。土方可装自卸汽车运走或堆弃在基坑旁或用推土机推到远处堆放。

三、土方开挖施工方案与机械选择

大型土方工程（包括基坑、基槽、管沟和场地平整）的施工应当制定相应的施工方案。施工方案的核心内容包括施工方法和施工机械的选择。目前的大型土方工程施工中承担重要角色的是施工机械，因此合理选择和使用施工机械，使其在施工中协调配合，充分发挥其效率，对缩短施工工期、保证施工质量和降低施工成本很关键。

（一）基坑开挖方法

大型基坑开挖遵循"先撑后挖、限时支撑、分层开挖、严禁超挖"的原则。分为"岛式开挖"和"盆式开挖"两种方式。

1."岛式开挖"

先开挖基坑周边土方，再开挖基坑中部的土方，在基坑中部形成类似岛状的土体，这种土方开挖方式成为岛式开挖。

（1）特点

可以在短时间内完成基坑周边土方开挖及支撑系统施工，有利于对基坑变形控制。岛式开挖的基坑支撑沿周边布置，中部一般没有支撑，宽阔的空间为机械施工提供了便利。

（2）适用条件

适用于支撑系统沿周边布置且中部留有较大空间的基坑。土钉、土层锚杆、边桁架+角撑、圆环形桁架、圆形围檩等基坑支护形式适于采用岛式开挖。

2."盆式开挖"

先开挖基坑中部土方，再开挖基坑周边土方，在基坑中部土体形成类似"盆"的形状，这种开挖方式成为盆式开挖。

（1）特点

由于前期土方开挖保留基坑周边土方，减少了基坑支护结构暴露时间，对控制基坑支护结构变形和减小对周边环境影响比较有利，并为混凝土支护结构养护留出时间。

（2）适用条件

适用于基坑中部支撑较密集的大面积基坑。

（二）土方机械化施工及提高生产率措施

1.分段开挖

按照挖掘机械的作业范围和运输车辆的运输能力，将开挖作业面划分为若干施工段。每个施工段单台挖掘机配备相应的运输车辆作业。为了施工安全，施工段结合部可以采取错开时间段施工或者保留一定间隔最后施工。每个施工段有独立的工作区域和运输通道，可以同时施工，减少交叉冲突。此方法可用于路面和沟渠的土方开挖施工。

2. 分层开挖

根据开挖的总深度和开挖机械的有效作业深度，将基坑划分为若干层，土方开挖分层逐次进行。可采用反铲挖掘机先在高位作业面挖掘下行通道和开辟下一层作业面，然后由正铲挖掘机开行到下一层作业面进行大面积开挖。这样逐层递进直至开挖至基坑底部各层作业面可以共享 1~2 条运输通道。此方法适用于大型基坑和沟渠的土方开挖施工。

3. 多层多段开挖

将开挖面按机械的开挖深度和作业范围，分为多层多段同时开挖，以加快开挖速度，土方运输可以采用分层汇集输送或者由挖掘机分层接力递送，到地面后再用运输车辆运出。这种方法适用于开挖边坡或大型基坑，运输通道可以少留设或者不留设。

土方运输通道，既用于土方运输车辆的通行，也是挖掘机械进入和退出作业面的通道。可以采用集中留置坡道或者架设栈桥方式。坡道土方通常最后采用长臂挖掘机械或者其他运输方式清除。

第三章　钢筋混凝土工程

第一节　模板工程

一、模板体系的组成

模板体系由面板、支架和连接件三部分组成。面板是直接接触新浇混凝土的承力板，包括拼装的板和加肋楞板；支架是支撑面板用的楞梁、立柱、斜撑、剪刀撑和水平拉条等构件的总称；连接件是面板与楞梁的连接、面板自身的拼接、支架结构自身的连接和其中两者相互间连接所用的零配件，包括卡销、螺栓、扣件、卡具、拉杆等。对模板体系的要求：

（1）保证工程结构构件各部分形状尺寸和相互位置的正确。

（2）模板及其支架应具有足够的承载能力、刚度和稳定性，能可靠地承受新浇筑混凝土的重量、侧压力以及施工荷载。

（3）构造简单、装拆方便、重量轻，便于钢筋的绑扎、安装和混凝土的浇筑、养护等要求。

（4）模板面板必须平整、光滑，接缝应严密，不得漏浆。

（5）因地制宜，合理选材，做到用料经济，通用性强，并能多次周转使用。

二、模板的种类

模板按所用的材料不同，分为木模板、竹模板、钢模板、钢木模板、钢竹模板、胶合板模板、塑料模板、玻璃钢模板、铝合金模板、预应力混凝土薄板模板、轻质绝热永久性泡沫模板、建筑用菱镁钢丝网复合模板等，此外，还有一种以纸基加胶或浸塑制成的各种直径和厚度的圆形筒模和半圆形筒模，它们可方便锯割成使用长度，用于在墙板中设置各种管径的预留孔道和构造圆柱模板。

按工艺分：有组合式模板、大模板、滑升模板、爬升模板、永久性模板以及飞模、模壳、隧道模等；按其结构构件的类型不同分为基础模板、柱模板、梁模板、楼板模板、墙模板、楼梯模板、壳模板和烟囱模板等；按其形式不同分为整体式模板、定型模板、工具式模板、滑升模板、胎模等。

（一）组合钢模板

组合钢模板是一种工具式定型模板，由钢模板、连接件和支承件三部分组成。

（二）胶合板模板

胶合板模板包括木胶合板模板和竹胶合板模板。

1. 木胶合板模板

模板用的木胶合板通常由 5、7、9、11 层等奇数层单板经热压固化而胶合成型，其表板和内层板对称地配置在中心层或板芯的两侧，最外层表板的纹理方向和胶合板面的长向平行，因此，整张胶合板的长向为强方向，短向为弱方向，使用时须加以注意。

混凝土模板用的木胶合板属具有高耐气候、耐水性的 I 类胶合板，胶粘剂为酚醛树脂胶，主要用桦木、马尾松、云南松、落叶松等树种加工。

2. 竹胶合板模板

竹胶合板是一组竹片铺放成的单板相互垂直组坯胶合而成的板材，具有收缩率小、膨胀率和吸水率低以及承载能力大的特点，是目前市场上应用最广泛的模板之一。

3. 板面处理

经树脂饰面处理的混凝土模板用胶合板，简称涂胶板。经浸渍胶膜纸贴面处理的混凝土模板用胶合板，简称覆膜板。这两种胶合板用做模板时，增加了板面耐久性；脱模性能良好，外观平整光滑，最适用于有特殊要求的、混凝土外表面不加修饰处理的清水混凝土工程，如混凝土桥墩、立交桥、筒仓、烟囱以及塔等。

（三）铝模板

铝模板，全称为建筑用铝合金模板系统，是继竹木模板，钢模板之后出现的新一代新型模板，采用铝合金制作成建筑模板，表面非常光滑、平整、观感好，而且铝模板的重复使用次数多，平均使用成本低，报废后的回收价值高。

铝模板体系需要根据楼层特点进行配套设计，铝模板系统中约 80% 的模块可以在多个项目中循环利用，铝模板系统适用于标准化程度较高的超高层建筑或多层楼群和别墅群。

（四）大模板

大模板是采用定型化的设计和工厂加工制作而成的一种工具式模板，它的单块模板面积较大，通常是以一面现浇混凝土墙体为一块模板。施工时配以相应的吊装和运输机械，用于现浇钢筋混凝土墙体，广泛应用于各种剪力墙结构的多高层建筑、桥墩和筒仓等结构体系中。

大模板由面板构架系统、支撑系统、操作平台系统及连接件等组成。根据大模板对墙面的分块方式的不同，可分为平模、角模和筒形模（又叫筒子模）三种类型，现按模板类型分述其构造如下。

1. 墙模

墙模一般取房间的一个墙面为一块模板，其板面构架系统由面板、横肋和竖肋组成。面板所用的材料有钢板、胶合板、木板、木纤维板、铝板等。横肋和竖肋一般用6.5~8号槽钢。

支撑调整系统由支撑桁架、支腿和调整螺栓组成。支撑桁架由角钢构成，桁架与竖肋相连接，借以加强竖助的刚度。在模板两侧的支撑桁架底部支腿设调整螺栓，用来调整模板的垂直度、水平度和标高，在堆放时可保证模板有一定的倾斜度以防止倾覆。脱模时，只要将支腿端部的两个调整螺栓旋起，使模板后倾起吊脱模。

操作平台是利用支撑桁架在其上满铺脚手板构成，平台外围有护身栏杆，以保证安全。为便于操作人员上下，在每块模板背后可设上人爬梯。

主要的锚固连接件是穿墙螺栓。它是用以固定墙体两侧模板之间的间距，以保证墙体的准确厚度，并承受混凝土作用于模板的体的准确厚度，并承受混凝土作用于模板的侧压力。一般非抗渗墙体穿墙螺栓周转使用，穿墙螺栓外加硬塑料套管。

2. 角模

角模可分为大角模和小角模两种。大角模是由两块平模组成，模板拼缝在墙面中间，影响美观，装拆也较麻烦，已很少采用。小角模则是一个房间由四块平模和四个等边角钢组装而成，采用角模施工，模板拼接处难以保证平整，在接缝处墙面错缝和凹凸现象是质量控制的重点。

3. 筒形模

筒形模主要由钢架、墙面模板和小角模组成。每块墙面模板用两个吊轴悬挂在钢架的立柱上，墙面模板可沿吊轴作少量水平移动以便于拆模起吊。花篮螺丝拉杆和支杆用以调整和固定墙面模板与钢架之间的相对位置。钢架上部铺上木板即为操作平台。钢架四根立柱下端各设有一个调整螺栓，用以调整模板高度和垂直度。

（五）液压滑升模板

液压滑升模板简称滑模，滑模由模板系统、操作平台系统和提升系统三部分组成，模板系统能随混凝土的浇筑向上滑升。模板系统用于成型混凝土，包括模板、围圈和提升架组成；平台系统是施工操作场所，包括操作平台、辅助平台、内外吊脚手架；滑升系统是滑升动力装置，包括支承杆、液压千斤顶、高压油管和液压控制台。滑模设备一次性投资较多，耗钢量较大，对建筑物截面变化频繁者施工起来比较麻烦。

工作原理：滑动模板（高 1.5~1.8m）通过围圈与提升架相连，固定在提升架上的千斤顶（35~120kN）通过支承杆（φ25~φ48 钢管）承受全部荷载并提供滑升动力。滑升施工时，依次在模板内分层（30~45cm）绑扎钢筋、浇筑混凝土，并滑升模板。滑升模板时，整个滑模装置沿不断接长的支承杆向上滑升，直至设计标高。

液压滑升模板用于现场浇筑高耸的构筑物和建筑物，尤其适于浇筑烟囱、筒仓、电视塔、双曲线冷却塔、竖井、沉井和剪力墙体系等截面变动较小的混凝土结构。

（六）爬升模板

爬升模板（简称爬模），是一种适用于现浇钢筋混凝土竖向、高耸建（构）筑物施工的模板工艺，其工艺优于液压滑模。

爬模按爬升方式可分为"有架爬模"（模板爬架子、架子爬模板）和"无架爬模"（模板爬模板）；按爬升设备可分为电动爬模和液压爬模。液压爬模自带液压顶升系统，液压系统可使模板架体与导轨间形成互爬，从而使液压自爬模稳步向上爬升，液压自爬模在施工过程中无需其他起重设备，操作方便、爬升速度快、安全系数高，是高层建筑剪力墙结构、框架结构核心筒、大型柱、桥墩、桥塔、高耸构筑物等现浇钢筋混凝土结构工程首选模板体系。

由于自爬的模板上还可悬挂脚手架，所以可省去结构施工阶段的外脚手架，因此其经济效益较好。在建筑工程中，由于有各层楼板，所以一般只进行外模爬升，内模为普通剪力墙大模板与爬升模板配套。

（七）隧道模

隧道模系由大模板和台模结合而成，可用作同时浇筑墙体和楼板的混凝土。它由顶板、墙板、横梁、支撑和滚轮等组成，拆模时放松支撑，使模板回缩，从开间内整体移出。每个房间的模板，先用若干个单元角模联结成半隧道模，再由两个半隧道模拼成门形模板，脱模后形似矩形隧道，故称隧道模。隧道模最适用于标准开间，对于非标准开间，可以通过加入插板或台模结合而使用。它还可解体改装做其他模板使用。其使用效率较高、施工周期短。

（八）台模

台模又称飞模、桌模，是现浇钢筋混凝土楼板的一种大型工具式模板。一般是一个房间一块台模，在施工中可以整体脱模和转运，利用起重机从浇筑完的楼板下吊出，转移至上一楼层。台模适用于各种结构的现浇混凝土楼板的施工，单座台模面板的面积从 $2\sim6m^2$ 到 $60m^2$ 以上。台模的优点是整体性好，混凝土表面容易平整，施工进度快。

（九）钢铝框胶合板模板

钢框胶合板模板是以钢材或铝材为周边框架，以木胶合板或竹胶合板作面板，并加焊若干钢肋承托面板的一种新型工业化组合模板，亦称板块组合式模板。支撑其板面的框架均在工厂铆焊定型，施工现场使用时，只进行板块式模板单元之间的组合。

板块式组合模板依据其模板单元面积和重量的大小，可分为轻型和重型两种。在结构构造上，这两种模板的主要区别是边框的截面形状不同。轻型边框是板式实心截面，而重型边框是箱形空心截面。

（十）塑料模板

塑料模板是通过高温 200℃ 挤压而成的复合材料，是一种节能型和绿色环保产品，是继木模板、组合钢模板、竹木胶合模板、全钢大模板之后又一新型换代产品。它能完全取代传统的钢模板、木模板、方木，具有平整光洁、轻便易装、脱模简便、稳定耐候、利于养护、可变性强、降低成本、节能环保八大优势。

塑料模板的周转次数能达到 30 次以上，还能回收再造。温度适应范围大，规格适应性强，可锯、钻，使用方便。模板表面的平整度、光洁度超过了现有清水混凝土模板的技术要求，有阻燃、防腐、抗水及抗化学品腐蚀的功能，有较好的力学性能和电绝缘性能，能满足各种长方体、正方体、L 形、U 形的建筑支模的要求。

模壳是用于钢筋混凝土现浇密肋楼板的一种工具式塑料。塑料模壳主要采用聚丙烯塑料和玻璃纤维增强塑料制成，配置以钢支柱（或门架）、钢（或木）龙骨等支撑系统，使模板施工的工业化程度大大提高，特别适用于大空间、大柱网的工业厂房、仓库、商场和图书馆等公共建筑。

塑料和玻璃钢模壳具有可按设计尺寸和形状加工、质轻、坚固、耐冲击、不腐蚀、施工简便、周转次数高以及拆模后混凝土表面光滑等优点，特别适合用于密肋楼板的模板工程。

（十一）永久性模板

永久性模板，又称一次性消耗模板，即在现浇混凝土结构浇筑后模板不再拆除，其中有的模板与现浇结构叠合后组合成共同受力构件。

1. 永久性模板的优点

永久性模板具有施工工序简化、操作简便、改善了劳动条件、不用或少用模板支撑、节约模板支拆用工量和加快施工进度等优点。

2. 永久性模板的材料

用来作为永久性模板的材料主要有以下几类：压型（镀锌）钢板类，钢筋（或钢丝网）混凝土薄板类，挤压成型的聚苯乙烯泡沫板类，木材（或竹材）水泥板类，FRP（纤维增强聚合物）板类等。目前装配式建筑的楼板均采用叠合板，楼板的预制部分同时扮演了模板的角色。

压型钢板做永久性模板，其施工工艺过程为：搭设楼板支撑→钢梁间铺设压型钢板→栓钉锚固压型钢板与钢梁上→绑扎楼板钢筋→浇筑楼板混凝土。压型板不再拆除，作为楼板结构的一部分。楼层结构由栓钉将钢筋混凝土、压型钢板和钢梁组合成整体结构。

三、模板支架

（一）扣件式钢管作模板支架应符合的规定

采用钢管和扣件搭设的支架设计时，应符合下列规定：

（1）钢管和扣件搭设的支架宜采用中心传力方式。

（2）单根立杆的轴力标准值不宜大于 12kN，高大模板支架单根立杆的轴力标准值不宜大于 10kN。

（3）立杆顶部承受水平杆扣件传递的竖向荷载时，立杆应按不小于 50mm 的偏心距进行承载力验算，高大模板支架的立杆应按不小于 100mm 的偏心距进行承载力验算。

（4）支承模板的顶部水平杆可按受弯构件进行承载力验算。

（5）扣件抗滑移承载力验算，可按现行行业标准的有关规定执行。

（6）钢管扣件搭设的支架一般构造：

①立杆纵距、立杆横距不应大于 1.5m，支架步距不应大于 2.0m；立杆纵向和横向要设置扫地杆，纵向扫地杆距立杆底部不宜大于 200mm，横向扫地杆宜设置在纵向扫地杆的下方；立杆底部宜设置底座或垫板。

②立杆接长除顶层步距可采用搭接外，其余各层步距接头应采用对接扣件连接，两个

相邻立杆的接头不应在同一步距内。

③立杆步距的上下两端应设置双向水平杆，水平杆与立杆的交错点应采用扣件连接，双向水平杆与立杆的连接扣件之间的间距不应大于 150mm。

④支架周边应连续设置竖向剪刀撑。支架长度或宽度大于 6m 时，应设置中部纵向或横向的竖向剪刀撑，剪刀撑的间距和单幅剪刀撑的宽度均不宜大于 8m，剪刀撑与水平杆的夹角宜为 45°~60°；支架高度大于 3 倍步距时，支架顶部宜设置一道水平剪刀撑，剪刀撑应延伸至周边。

⑤立杆、水平杆、剪刀撑的搭接长度，不应小于 0.8m，且不应少于 2 个扣件连接，扣件盖板边缘至杆端不应小于 100mm。

⑥扣件螺栓的拧紧力矩不应小于 40N·m，且不应大于 65N·m。

⑦支架立杆搭设的垂直偏差不宜大于 1/200.

⑧支撑梁、板的支架立柱安装构造应符合规定。

（7）采用扣件式钢管作高大模板支架时，还应满足下列要求：

①宜在支架立杆顶部插入可调托座，可调托座螺杆外径不应小于 36mm，螺杆插入钢管长度不应小于 150mm，螺杆伸出钢管的长度不应大于 300mm，可调托座伸出顶层水平杆的悬臂长度不应小于 500mm。

②立杆的纵距、横距不应大于 1.2m，支架步距不应大于 1.8m。

③立杆顶层步距内采用搭接时，搭接长度不应小于 1m，且不应少于 3 个扣件连接。

④宜设置中部纵向或横向的竖向剪刀撑，剪刀撑的间距不宜大于 5m，沿支架高度方向搭设的剪刀撑的间距不宜大于 6m。

⑤立杆的搭设垂直偏差不宜大于 1/200，且不宜大于 100mm。

⑥应根据周边结构的情况，采取有效的连接措施加强支架整体稳固性。

（二）盘扣式脚手架作模板支架应符合的规定

（1）在模板支撑体系中，模板支架高度不宜超过 24m，超过 24m，应另行专门设计。

（2）当搭设高度不超过 8m 的满堂模板支架时，步距不宜超过 1.5m，支架架体四周外立面向内的第一跨每层均应设置竖向斜杆，架体整体底层以及顶层均应设置竖向斜杆，并应在架体内部区域每隔 5 跨由底至顶纵、横向均设置竖向斜杆或采用扣件钢管搭设的剪刀撑。当满堂模板支架的架体高度不超过 4 个步距时，可不设置顶层水平斜杆；当架体高度超过 4 个步距时，应设置顶层水平斜杆或扣件钢管水平剪刀撑。

（3）当搭设高度超过 8m 的模板支架时，竖向斜杆应满布设置，水平杆的步距不得大于 1.5m，沿高度每隔 4~6 个标准步距应设置水平层斜杆或扣件钢管剪刀撑。周边有结构物时，宜与周边结构形成可靠拉结。

（4）当模板支架搭设成无侧向拉结的独立塔状支架时，架体每个侧面，每步距均应设竖向斜杆。

（5）对于长条状的高支模架体，架体总高度与架体的宽度之比 H/B 不宜大于3。

（6）模板支架可调托座伸出顶层水平杆或双槽钢托梁的悬臂长度严禁超过650mm，且丝杠外露长度严禁超过400mm，可调托座插入立杆或双槽钢托架梁长度不得小于150mm。

（7）高大模板支架最顶层水平杆步距应比标准步距缩小一个盘扣间距。

（8）模板支架可调底座调节丝杆外露长度不应大于300mm，作为扫地杆的最底层水平杆，离地高度不应大于550mm。

（9）当在模板支架内设置人行通道时，如果通道宽度与单支水平杆同宽，可间接抽除第一层水平杆和斜杆，通道两侧立杆应设置竖向斜杆。如果通道宽度与单支水平杆不同宽度，应在通道上部架设支撑横梁。

四、模板系统设计

模板及支架的形式和构造应根据工程结构形式、荷载大小、地基土类别、施工设备和材料供应等条件确定。

（一）模板系统设计内容

（1）模板及支架的选型及构造设计；

（2）模板及支架上的荷载及其效应计算；

（3）模板及支架的承载力、刚度和稳定性验算；

（4）模板及支架的抗倾覆验算；

（5）绘制模板及支架施工图。模板设计

（二）模板及支架的设计规定

（1）模板及支架的结构设计宜采用以分项系数表达的极限状态设计方法；

（2）模板及支架的结构分析中所采用的计算假定和分析模型，应有理论或试验依据，或经工程验证；

（3）模板及支架应根据施工过程中各种受力状况进行结构分析，并确定其最不利的作用效应组合；

（4）承载力计算应采用荷载基本组合；变形验算可仅采用永久荷载标准值。

（三）模板及支架的承载力计算

模板及支架结构构件应按短暂设计状况进行承载力计算。承载力计算应符合下式要求：

$$\gamma_0 S \leqslant \frac{R}{\gamma_R}$$

式中　γ_0——结构重要性系数，对重要的模板及支架宜取 $\gamma_0 \geqslant 1.0$；对一般的模板及支架应取 $\gamma_0 \geqslant 0.9$；

S——模板及支架按荷载基本组合计算的效应设计值；

R——模板及支架结构构件的承载力设计值，应按国家现行有关标准计算；

γ_R——承载力设计值调整系数，应根据模板及支架重复使用情况取用，不应小于 1.0。

（四）模板及支架的变形要求

模板及支架的变形验算应符合下列规定：

$$\alpha_{fG} \leqslant \alpha_{f,\,lim}$$

式中　α_{fG}——按永久荷载标准值计算的构件变形值；

$\alpha_{f,\,lim}$——构件变形限值。

模板及支架的变形限值应根据结构工程要求确定，并宜符合下列规定：

（1）对结构表面外露的模板，其挠度限值宜取为模板构件计算跨度的 1/400；

（2）对结构表面隐蔽的模板，其挠度限值宜取为模板构件计算跨度的 1/250；

（3）支架的轴向压缩变形限值或侧向挠度限值，宜取为计算高度或计算跨度的 1/1000。

（五）模板支架抗倾覆验算

模板支架的高宽比不宜大于 3；当高宽比大于 3 时，应加强整体稳固性措施，并应进行支架的抗倾覆验算。

模板支架应按混凝土浇筑前和混凝土浇筑时两种工况进行抗倾覆验算。支架的抗倾覆验算应满足下式要求：

$$\gamma_0 M_0 \leqslant M_r$$

式中　M_0——支架的倾覆力矩设计值，按荷载基本组合计算，其中永久荷载的分项系数取 1.35，可变荷载的分项系数取 1.4；

M_r——支架的抗倾覆力矩设计值，按荷载基本组合计算，其中永久荷载的分项系数取 0.9，可变荷载的分项系数取 0。

(六) 其他规定

(1) 多层楼板连续支模时，应分析多层楼板间荷载传递对支架和楼板结构的影响。

(2) 支架立柱或竖向模板支承在土层上时，应按现行国家标准的有关规定对土层进行验算；支架立柱或竖向模板支承在混凝土结构构件上时，应按现行国家标准的有关规定对混凝土结构构件进行验算。

(3) 采用门式、碗扣式、盘扣式或盘销式等钢管架搭设的支架，应采用支架立柱杆端插入可调托座的中心传力方式，其承载力及刚度可按国家现行有关标准的规定进行验算。

五、模板系统的安装与拆除

(一) 模板系统的安装

(1) 模板安装应按设计与施工说明书顺序拼装。木杆、钢管、门架等支架立柱不得混用。

(2) 竖向模板和支架立柱支承部分安装在基土上时，应加设垫板，垫板应有足够强度和支承面积，且应中心承载。基土应坚实，并应有排水措施，对特别重要的结构工程要采用防止支架柱下沉的措施。

(3) 现浇钢筋混凝土梁、板，当跨度大于 4m 时，模板应起拱；当设计无具体要求时，起拱高度宜为全跨长度的 1/1000～3/1000。

(4) 现浇多层或高层房屋和构筑物，安装上层模板及其支架应符合下列规定：

①下层楼板应具有承受上层施工荷载的承载能力，否则应加设支撑支架；

②上层支架立柱应对准下层支架立柱，并应在立柱底铺设垫板；

③当采用悬臂吊模板、桁架支模方法时，其支撑结构的承载能力和刚度必须符合设计构造要求。

(二) 早拆模板体系

早拆模板体系由模板块、托梁、升降头、可调支柱、支撑系统等组成。可调钢支柱上端安装有升降头。快拆支架体系的支架立杆间距不应大于 2m，拆模时，应保留立杆并顶托支承楼板。

（三）模板系统的拆除

（1）拆模的顺序和方法应按模板的设计规定进行。当设计无规定时，可采取先支的后拆、后支的先拆、先拆非承重模板、后拆承重模板，并应从上而下进行拆除。对于后张预应力混凝土结构构件，侧模宜在预应力筋张拉前拆除；底模及支架不应在结构构件建立预应力前拆除。

（2）多个楼层间连续支模的底层支架拆除时间，应根据连续支模的楼层间荷载分配和混凝土强度的增长情况确定。当上层及以上楼板正在浇筑混凝土时，下层楼板立柱的拆除，应根据下层楼板结构混凝土强度的实际情况，经过计算确定，强度不足时，应加设临时支撑。

（3）底模及其支架拆除时的混凝土强度应符合设计要求。

（四）后浇带支模

后浇带是为在现浇钢筋混凝土结构施工过程中，为了消除由于混凝土内外温差、收缩、不均匀沉降可能产生有害裂缝，而设置的临时施工间断，后浇带内的钢筋不得间断，后浇带的宽度应考虑施工简便，避免应力集中，一般其宽度为 80~100cm。通过近年来的工程实践，后浇带的设置有效地预防了大体积混凝土裂缝的产生。

设计中，当地下地上均为现浇结构时，后浇带应贯通地下及地上结构，遇梁断梁，遇墙断墙（钢筋不断），一般在设计图中要标定留缝位置，后浇带应尽力设在梁或墙中内力较小位置，尽量避开主梁位置，具体位置需经过设计单位认可，基本和施工缝留设要求一致。

1. 后浇带间距

后浇带间距首先应考虑能有效地削减温度收缩应力，其次考虑与施工缝结合，在正常施工条件下，后浇带的间距约为 30~40m。

2. 后浇带支模

后浇带的垂直支架系统宜与其他部位分开设置。后浇带拆模时，混凝土强度应达到设计强度的 100%，但对改变结构受力的后浇带，如梁的截断处，不得撤除竖向支撑系统。

3. 后浇带的宽度及构造

后浇带一般宽度为 800~1000mm，在后浇带处，钢筋应贯通。后浇带两侧应采用钢筋支架和钢丝网隔断，也可用快易收口网进行支挡。后浇带内要保持清洁，防止钢筋锈蚀或被压弯、踩弯，并应保证后浇带两侧混凝土的浇筑质量。后浇带可做成平接式、企口式、台阶式。

当地下室有防水要求时，地下室后浇带不宜采用平接式留成直槎，在后浇带处应做好后浇带与整体基础连接处的防水处理。

第二节 钢筋工程

一、钢筋种类

（一）钢筋牌号

我国钢筋标准中规定的牌号与国际通用规则是一致的，热轧钢筋由表示轧制工艺和外形的英文首字母与钢筋屈服强度的最小值表示。

热轧带肋钢筋 HRB335、HRB400、HRB500 分别以 3、4、5 表示；细晶粒热轧钢筋 HRBF335、HRBF400、HRBF500 分别以 C3、C4、C5 表示；厂名以汉语拼音字头表示，公称直径毫米数以阿拉伯数字表示。

对于抗震设防的结构，要采用有较好延性的钢筋，为了区别与普通钢筋，牌号后加 E，例如 HRB400E。对按一、二、三级抗震等级设计的框架和斜撑构件（含梯段）中，纵向受力钢筋应采用抗震结构用钢筋，规范规定的抗震结构用钢筋（牌号中带 E）力学性能要求：

（1）钢筋的抗拉强度实测值与屈服强度实测值的比值不应小于 1.25；

（2）钢筋的屈服强度实测值与屈服强度标准值的比值不应大于 1.30；

（3）钢筋的最大力下总伸长率不应小于 9%。

（二）钢筋的选用

（1）纵向受力普通钢筋可采用 HRB400、HRB500、HRBF400、HRBF500、HRB335、RRB400、HPB300 钢筋；梁、柱和斜撑构件的纵向受力普通钢筋宜采用 HRB400、HRB500、HRBF400、HRBF500 钢筋。

（2）箍筋宜采用 HRB400、HRBF400、HRB335、HPB300、HRB500、HRBF500 钢筋。

（3）预应力筋宜采用预应力钢丝、钢绞线和预应力螺纹钢筋。

（三）钢筋的检验

1. 检验批

同一牌号、同一炉罐号、同一规格的钢筋，每批重量不大于60t。超过60t的部分，每增加 40t（或不足 40t 的余数），增加一个拉伸试验试样和一个弯曲试验试样。

允许同一牌号、同一冶炼方法的不同炉罐号组成混合批，各炉罐号含碳量之差不大于 0.02%，含锰量之差不大于 0.15%。混合批的重量不大于 60t。

由于工程量、运输条件和各种钢筋的用量等的差异，很难对各种钢筋的进场检查数量做出统一规定。实际检查时，若有关标准中只有对产品出厂检验数量的规定，则在进场检验时，检查数量可按下列情况确定：

（1）当一次进场的数量大于该产品的出厂检验批量时，应划分为若干个出厂检验批量，然后按出厂检验的抽样方案执行；

（2）当一次进场的数量小于或等于该产品的出厂检验批量时，应作为一个检验批量，然后按出厂检验的抽样方案执行；

（3）对连续进场的同批钢筋，当有可靠依据时，可按一次进场的钢筋处理。

2. 检验方法

钢筋的包装、标志、质量证明书应符合有关规定，钢筋进场应检查产品合格证、出厂检验报告和进场复验报告。进场复验报告是进场抽样检验的结果，并作为判断材料能否在工程中应用的依据，复验报告内容包括钢筋标牌、重量偏差检验和外观检查，并按照有关规定取样，进行机械性能试验，并按照品种、批号及直径分批验收。

（1）钢筋在运输和存放时，不得损坏包装和标志，并应按牌号、规格、炉批分别挂牌堆放，并标明数量。室外堆放时，应采用避免钢筋锈蚀的措施。

（2）钢筋是以重量偏差交货，钢筋可按理论重量交货，也可按实际重量交货。

（3）外观检查要求热轧钢筋表面不得有裂缝、结疤和折叠，表面凸块不得超过横肋的最大高度，外形尺寸应符合规定；钢绞线表面不得有折断、横裂和相互交叉的钢丝，并无润滑剂、油渍和锈坑。钢筋应平直、无损伤，表面不得有裂纹、油污、颗粒状或片状老锈。

（4）机械性能试验时，热轧钢筋、钢绞线应从每批外观尺寸检查合格的钢筋中任选两根，每根取两个试件分别进行拉伸试验（包括屈服点、抗拉强度和伸长率的测定）和冷弯试验。如有一项试验结果不符合规定，则应从同一批钢筋中另取双倍数量的试件重做各项试验，如果仍有一个试件不合格，则该批钢筋为不合格品。

（5）当发现钢筋脆断、焊接性能不良或力学性能显著不正常等现象时，应停止使用该批钢筋，并对该批钢筋进行化学成分检验或其他专项检验。

二、钢筋的加工

钢筋加工过程包括除锈、调直、切断、镦头、弯曲、连接（焊接、机械连接和绑扎）等。

（一）钢筋除锈

钢筋在加工前，其表面应洁净，油渍、漆污和用锤敲击时能剥落的浮皮、铁锈等应清除干净。钢筋的除锈，一般可通过以下途径：

（1）通过钢筋冷拉或调直过程中除锈；

（2）机械方法除锈，如采用电动除锈机除锈，对钢筋的局部除锈较为方便；

（3）手工除锈（用钢丝刷、砂盘）。

在除锈过程中发现钢筋表面的氧化铁皮鳞落现象严重并已损伤钢筋截面，或在除锈后钢筋表面有严重的麻坑、斑点伤蚀截面时，应降级使用或剔除不用。

（二）钢筋调直

在调直细钢筋时，要根据钢筋的直径选用调直模和传送压辊，并要正确掌握调直模的偏移量和压辊的压紧程度。调直筒两端的调直模一定要在一条轴心线上，这是钢筋能否调直的一个关键。

（三）钢筋切断

切断钢筋的方法分机械切断和人工切断两种。钢筋切断机切断钢筋时，要先将机械固定，并仔细检查刀片有无裂纹，刀片是否固紧，安全防护罩是否齐全牢固；进料要在活动刀片后退时进料，不要在刀片前进时进料；进料时手与刀口的距离不应小于150mm。切断短钢筋时要使用套管或夹具，禁止剪切超过机器剪切能力规定的钢筋和烧红的钢筋；钢筋切断时应将同规格钢筋根据不同长度长短搭配，统筹下料，减少损耗。

机械连接、对焊、电渣压力焊、气压焊等接头，要求钢筋接头断面平整，所以宜采用无齿锯切断，尽量不用钢筋切断机切断，钢筋切断机切断的断面呈马蹄状，影响连接质量。

（四）钢筋弯曲

钢筋弯曲成型是钢筋加工中的一道主要工序，要求弯曲加工的钢筋形状正确，便于绑扎安装。钢筋弯曲有机械弯曲和手工弯曲两种。

在进行弯曲操作前，首先应熟悉弯曲钢筋的规格、形状和各部分的尺寸，以便确定弯曲方法、准备弯曲工具。粗钢筋、形状复杂的钢筋加工时，必须先划线，按不同的弯曲角度扣除其弯曲量度差，试弯一根，检查是否符合设计要求，并核对钢筋划线、扳距是否合适，经调整合适后，方可成批加工。

1. 钢筋弯曲机

钢筋弯曲机包括减速机、大齿轮、小齿轮、弯曲盘面，圆盘回转时便将钢筋弯曲。为了弯曲各种直径的钢筋，在工作盘上有几个孔，用以插入不同直径的销轴，不同直径钢筋相应地更换不同直径的销轴。

2. 钢筋的弯曲

（1）钢筋弯弧内直径

①HPB300 级光圆直钢筋末端需加工成 180°弯钩，其弯曲加工时的弯弧内直径不应小于钢筋直径的 2.5 倍；末端弯钩的平直部分长度不应小于钢筋直径的 3 倍。受压光圆钢筋末端可不作弯钩。

②HRB335 级、HRB400 级钢筋弯曲加工时的弯弧内直径不应小于钢筋直径的 4 倍。弯钩的平直部分长度应符合设计要求。

③HRB500 级，直径为 28mm 以下的带肋钢筋弯曲加工时的弯弧内直径不应小于钢筋直径的 6 倍，直径为 28mm 及以上的钢筋不应小于其直径的 7 倍。

④框架结构的顶层端节点，对梁上部纵向钢筋、柱外侧纵向钢筋在节点角部弯折处，当钢筋直径为 28mm 以下时，弯曲加工时的弯弧内直径不宜小于钢筋直径的 12 倍，钢筋直径为 28mm 及以上时，弯弧内直径不宜小于钢筋直径的 16 倍。

⑤箍筋弯折处的弯弧内直径不应小于纵向受力钢筋直径。

（2）箍筋弯钩、拉钩构造

除焊接封闭环式箍筋，其他形式箍筋的末端应作弯钩，弯钩形式应符合设计要求，当设计无具体要求时，对一般结构，弯折角度不应小于 90°，弯折后平直部分长度不应小于箍筋直径的 5 倍；对有抗震设防，箍筋弯钩的弯折角度不应小于 135°，弯折后平直部分长度不应小于箍筋直径的 10 倍和 75mm 的较大值。

（五）钢筋的连接

受运输工具长度的限制，当钢筋直径不大于 12mm 时，一般以圆盘形式供货；当大于 12mm 时，则以直条形式供货，直条长度一般为 12m，由此带来了混凝土结构施工中不可避免的钢筋连接问题。目前钢筋的连接方法有焊接连接、机械连接和绑扎连接三类。抗震设防的混凝土结构，纵向受力钢筋连接的位置宜避开梁端、柱端箍筋加密区，如必须在此连接时，应采用机械连接或焊接。要求进行疲劳验算的构件，其纵向受拉钢筋不得采用绑扎搭接接头，也不宜采用焊接接头。

1. 焊接连接

（1）焊接连接种类

焊接连接是利用焊接技术将钢筋连接起来的传统钢筋连接方法，要求对焊工进行专门培训，持证上岗；施工受气候、电流稳定性的影响，接头质量不如机械连接可靠。钢筋焊接常用方法有电弧焊、闪光对焊、电阻点焊、埋弧压力焊、气压焊和电渣压力焊等。

①电弧焊

电弧焊是以焊条作为一极，钢筋为另一极，利用焊接电流通过产生的电弧热进行焊接的一种熔焊方法。

电弧焊所使用的弧焊机有直流与交流之分，常用的交流弧焊机有：BX-300、BX-500型；直流电弧焊机有：AX-300、AX-500型。

电弧焊所用焊条，其直径为 1.6~5.8mm，长度为 215~400mm，焊条的选用和钢筋牌号、电弧焊接头形式有关，电弧焊所采用的焊条应符合现行国家标准规定。

电弧焊的接头形式有搭接接头、帮条接头、坡口（剖口）接头、窄间隙焊和熔槽帮条焊五种形式。

②电渣压力焊

电渣压力焊是将两钢筋安放成竖向对接形式，利用焊接电流通过两钢筋端面间隙，在焊剂中形成电弧过程和电渣过程，产生电弧热和电阻热熔化钢筋，再加压完成的一种压焊方法，电渣压力焊焊接工艺包括引弧、造渣、电渣和顶锻四个过程。

引弧过程是在通电后迅速将上钢筋提起 2~4mm 以引弧。造渣过程是靠电弧的高温作用，将钢筋端头的凸出部分不断烧化；电渣过程是在渣池形成一定深度后，将上钢筋缓缓插入渣池中，由于电流直接通过渣池，产生大量的电阻热，使渣池温度升到近 2000℃，将钢筋端头迅速而均匀地熔化，在停止供电的瞬间，对钢筋施加挤压力，把焊口部分熔化的金属、熔渣及氧化物等杂质全部挤出结合面形成焊接接头。

③其他几种焊接方法简介

闪光对焊。闪光对焊是利用电阻热使钢筋接头接触点金属熔化，产生强烈飞溅，形成闪光，迅速顶锻完成的一种压焊方法。闪光对焊可分为连续闪光焊、预热闪光焊、闪光→预热→闪光焊三种工艺，可根据钢筋牌号、直径和所用焊机容量（kVA）选用。

电阻点焊。就是将两钢筋安放成交叉叠接形式，压紧于两电极之间，利用电阻热熔化母材金属，加压形成焊点的一种压焊方法。

钢筋气压焊。采用氧、乙炔火焰或氧液化石油气火焰（或其他火焰），对两钢筋对接处加热，使其达到热塑性状态后，加压完成的一种压焊方法。

钢筋二氧化碳气体保护电弧焊。以焊丝作为一极，钢筋为另一极，并以 CO_2 气体作为电弧介质，保护金属熔滴、焊接熔池和焊接区高温金属的一种熔焊方法。

箍筋闪光对焊。将待焊箍筋两端以对接形式安放在对焊机上，利用电阻热使接触点金属熔化，产生强烈闪光和飞溅，迅速施加顶锻力，焊接形成封闭环式箍筋的一种压焊方法。

预埋件钢筋埋弧压力焊。将钢筋与钢板安放成 T 形接头形式，利用焊接电流通过，在焊剂层下产生电弧，形成熔池，加压完成的一种压焊方法。

预埋件钢筋埋弧螺柱焊。用电弧螺柱焊焊枪夹持钢筋，使钢筋垂直对准钢板，采用螺柱焊电源设备产生强电流、短时间的焊接电弧，在熔剂层保护下使钢筋焊接端面与钢板产生熔池后，适时将钢筋插入熔池，形成 T 形接头的焊接方法。

（2）不同直径的钢筋焊接连接

两根同牌号、不同直径的钢筋可进行闪光对焊、电渣压力焊或气压焊；闪光对焊时，其径差不得超过 4mm；电渣压力焊或气压焊时，其径差不得超过 7mm。焊接工艺参数可在大、小直径钢筋焊接工艺参数之间偏大选用，两根钢筋的轴线应在同一直线上，轴线偏移的允许值按较小直径钢筋计算，对接头强度的要求，应按较小直径钢筋计算。

（3）钢筋焊接头的质量检验

①检验批

在现浇混凝土结构中，应以 300 个同牌号钢筋、同形式接头作为一批，当同一台班内焊接的接头数量较少，可在一周之内累计计算，累计仍不足 300 个接头时，应按一批计算；在房屋结构中，应在不超过连续两楼层中 300 个同牌号钢筋、同形式接头作为一批。

封闭环式箍筋闪光对焊接头，以 600 个同牌号、同直径的接头作为一批，只做拉伸试验。

力学性能检验时，在柱、墙的竖向钢筋连接中，应从每批接头中随机切取 3 个接头做拉伸试验；在梁、板的水平钢筋连接中，应另切取 3 个接头做弯曲试验，异径接头、电弧焊、电渣压力焊只进行拉伸试验。

②质量检验

质量检验与检收应包括外观质量检查和力学性能检验，并划分为主控项目和一般项目两类。焊接接头力学性能检验应为主控项目，焊接接头的外观质量检查应为一般项目。纵向受力钢筋焊接接头的外观质量检查应从每一检验批中应随机抽取 10%的焊接接头，力学性能检验应在接头外观检查合格后随机抽取 3 个试件进行试验。

2. 机械连接

钢筋机械连接就是通过钢筋与机加工连接件的机械咬合作用或钢筋端面的承压作用，将一根钢筋中的力传递至另一根钢筋的连接方法。

（1）钢筋机械连接种类

20 世纪 80 年代，钢筋机械连接相继出现了套筒挤压连接、锥螺纹套筒连接、直螺纹套筒连接、活塞式组合带肋钢筋连接等技术。

①套筒挤压连接

这是我国最早出现的一种钢筋机械连接方法。套筒径向挤压连接是将两根待接钢筋插入优质钢套筒，用液压挤压设备沿径向挤压钢套筒，使之产生塑性变形，依靠变形后的钢套筒与被连接钢筋纵、横肋产生的机械咬合作用使套筒与钢筋成为整体的连接方法。这种方法适用于直径 18～40mm 的带肋钢筋的连接，所连接的两根钢筋的直径之差不宜大于5mm。该方法具有接头性能可靠、质量稳定、不受气候的影响、连接速度快、安全、无明火、节能等优点。但设备笨重，工人劳动强度大，不适合在高密度布筋的场合使用。

②锥螺纹套筒连接

锥螺纹套筒连接是将两根待接钢筋端头用套丝机加工出锥形丝扣，然后用带锥形内丝的钢套筒将钢筋两端拧紧的连接方法。

钢筋锥螺纹的加工是在钢筋套丝机上进行。为保证丝扣精度，对已加工的丝扣端要用牙形规及卡规逐个进行自检，要求钢筋丝扣的牙形必须与牙形规吻合，丝扣完整牙数不得小于规定值。锥螺纹套筒加工宜在专业工厂进行，以保证产品质量。

钢筋锥螺纹连接预先将套筒拧入钢筋的一端，连接钢筋时，将已拧套筒的钢筋拧到被连接的钢筋上，并用扭力扳手按规定的力矩值连接钢筋，扭力扳手是保证钢筋连接质量的测力扳手，它可以按照钢筋直径大小规定的力矩值，把钢筋与连接套筒拧紧，直至扭力扳手的力矩值达到调定的力矩值，并随手画上油漆标记，以防有的钢筋接头漏拧。

③直螺纹套筒连接

直螺纹套筒连接是将两根待接钢筋端头切削或滚压出直螺纹，然后用带直内丝的钢套筒将钢筋两端拧紧的连接方法。该方法综合了套筒挤压连接和锥螺纹连接的优点，是目前工程应用最广泛的粗钢筋连接方法。

按螺纹丝扣加工工艺不同，可分为镦粗直螺纹套筒连接、滚压直螺纹套筒连接和剥肋滚压直螺纹套筒连接三种。

（2）钢筋机械连接接头的选择

①机械连接钢筋接头的性能等级

钢筋机械连接接头根据极限抗拉强度、残余变形、最大力下总伸长率以及高应力和大变形条件下反复拉压性能，分为下列三个性能等级。

Ⅰ级接头：连接件极限抗拉强度大于或等于被连接钢筋抗拉强度标准值的 1.10 倍，残余变形小并具有高延性及反复拉压性能。

Ⅱ级接头：连接件极限抗拉强度不小于被连接钢筋极限抗拉强度标准值，残余变形小并具有高延性及反复拉压性能。

Ⅲ级接头：连接件极限抗拉强度不小于被连接钢筋屈服强度标准值的 1.25 倍，残余变形小并具有一定的延性及反复拉压性能。

②机械连接钢筋接头的设置

结构设计图纸中应列出设计选用的钢筋接头等级和应用部位，接头等级的选定应符合下列规定：

A. 结构构件中纵向受力钢筋的连接接头宜设置在受力较小部位，宜相互错开，当受力钢筋采用机械连接接头或焊接接头时，设置在同一构件的接头钢筋机械连接区段的长度为 35d（焊接接头且不小于 500mm），d 为连接钢筋的较小直径。

B. 混凝土结构中要求充分发挥钢筋强度或对延性要求高的部位应优先选用Ⅱ级或Ⅰ级接头；当在同一连接区段内钢筋接头面积百分率为 100%时，应选用Ⅰ级接头。

C. 混凝土结构中钢筋应力较高但对延性要求不高的部位可选用Ⅲ级接头。

D. 当需要在高应力部位设置接头时，在同一连接区段内Ⅲ级接头的接头百分率不应大于 25%。Ⅱ级接头的接头百分率不应大于 50%。

E. 接头不宜设置在有抗震设防要求的框架梁端、柱端的箍筋加密区；当无法避开时，应采用Ⅱ级接头或Ⅰ级接头，且接头百分率不应大于 50%。

（3）钢筋机械连接的质量检验

接头安装前检查连接件产品合格证及套筒生产批号标识；产品合格证应包括适用钢筋直径和接头性能等级、套筒类型、生产单位、生产日期以及可追溯产品原材料力学性能和加工质量的生产批号。

①型式检验与工艺检验

工程中应用接头时，应对接头技术提供单位提交的接头相关技术资料进行审查与验收。接头工艺检验应针对不同钢筋生产厂的钢筋进行，施工过程中更换钢筋生产厂或接头技术提供单位时，应补充进行工艺检验。

②检验批

同钢筋生产厂、同强度等级、同规格、同类型和同形式接头应以 500 个为一个验收批进行检验与验收，不足 500 个也应作为一个验收批。

③质量检验

安装接头时可用管钳扳手拧紧，钢筋丝头应在套筒中央位置相互顶紧，校核用扭力扳手和安装用扭力扳手应区分使用，校核用扭力扳应每年校核一次，准确度级别应选用 10 级。

质量检验与检收应包括外观质量检查和力学性能检验，并划分为主控项目和一般项目两类。力学性能检验应为主控项目，外观质量检查应为一般项目。验收批的确定：

螺纹接头安装每一验收批，抽取其中 10% 的接头进行拧紧扭矩校核，拧紧扭矩值不合格数超过被校核接头数的 5% 时，应重新拧紧全部接头，直到合格为止。

对接头的每一验收批，均应在工程结构中随机抽 3 个试件做极限抗拉强度试验，按设计要求的接头性能等级进行评定。当 3 个试件检验结果均符合现行行业标准中的强度要求时，该验收批为合格。如有一个试件的抗拉强度不符合要求，应再取 6 个试件进行复检。复检中如仍有 1 个试件的极限抗拉强度不符合要求，则该验收批试件应评为不合格。

现场截取抽样试件后，原接头位置的钢筋可采用同等规格的钢筋进行可靠连接。

3. 绑扎搭接

一般一级框架梁采用机械连接，二、三、四级可采用绑扎搭接或焊接连接；混凝土结构中受力钢筋的连接接头宜设置在受力较小处。

同一构件中相邻纵向受力钢筋的绑扎搭接接头宜互相错开。钢筋绑扎搭接接头连接区段的长度为 1.3 倍搭接长度，凡搭接接头中点位于该连接区段长度内的搭接接头均属于同一连接区段。

（1）受拉钢筋搭接接头面积要求

①对梁类、板类及墙类构件，不宜大于 25%；对柱类构件，不宜大于 50%。当工程中确有必要增大受拉钢筋搭接接头面积百分率时，对梁类构件，不宜大于 50%；对板、墙、柱及预制构件的拼接处，可根据实际情况放宽。

②并筋采用绑扎搭接连接时，应按每根单筋错开搭接的方式连接。接头面积百分率应按同一连接区段内所有的单根钢筋计算。并筋中钢筋的搭接长度应按单筋分别计算。

（2）纵向受拉钢筋绑扎搭接接头的搭接长度要求

根据位于同一连接区段内的钢筋搭接接头面积百分率按规范公式计算绑扎搭接接头的搭接长度，且不应小于 300mm。

构件中的纵向受压钢筋当采用搭接连接时，其受压搭接长度不应小于纵向受拉钢筋搭接长度的 70%，且不应小于 200mm。

（3）绑扎搭接接头的其他规定

①绑扎搭接接头中钢筋的横向净距不应小于钢筋直径，且不应小于 25mm；

②轴心受拉及小偏心受拉杆件的纵向受力钢筋不得采用绑扎搭接；其他构件中的钢筋采用绑扎搭接时，受拉钢筋直径不宜大于 25mm，受压钢筋直径不宜大于 28mm；

③柱类构件的纵向受力钢筋搭接范围要避开柱端的箍筋加密区；

④需进行疲劳验算的构件，其纵向受拉钢筋不得采用绑扎搭接接头。

4. 钢筋机械连接、焊接接头或绑扎搭接的有关规定

（1）钢筋机械连接、焊接接头位置的有关规定

①柱纵向钢筋应贯穿中间层的中间节点或端节点，接头应设在节点区以外，每层柱第一个钢筋接头位置距楼地面高度不宜小于 500mm、柱高的 1/6 及柱截面长边（或直径）的较大值。

②连续梁、板的上部钢筋接头位置宜设置在跨中 1/3 跨度范围内，下部钢筋接头位置宜设置在支座 1/3 范围内。

③同一纵向受力钢筋不宜设置两个或两个以上的接头。接头末端至钢筋弯起点的距离不应小于钢筋公称直径的 10 倍。

④细晶粒热轧带肋钢筋以及直径大于 28mm 的带肋钢筋，其焊接应经试验确定；余热处理钢筋不宜焊接。

（2）搭接接头箍筋的设置

当在梁、柱类构件的纵向受力钢筋搭接长度范围内，无设计要求时，应符合下列规定：

①在梁、柱类构件的纵向受力钢筋搭接长度范围内保护层厚度不大于 $5d$ 时，搭接长度范围内应配置横向构造钢筋，箍筋直径不应小于搭接钢筋较大直径的 0.25 倍。

②对梁、柱、斜撑等构件箍筋间距不应大于 $5d$，对板、墙等平面构件箍筋间距不应大于 $10d$，且均不应大于 100mm，此处 d 为搭接钢筋的直径。

③当柱中纵向受力钢筋直径大于 25mm 时，应在搭接接头两个端面外 100mm 范围内各设置两个箍筋，其间距宜为 50mm。

三、钢筋的安装

（一）钢筋网片、骨架制作前的准备工作

钢筋网片、骨架制作成型的正确与否，直接影响着结构构件力学性能。其准备工作包括：

1. 熟悉施工图纸

明确各个单根钢筋的形状及各个细部的尺寸，确定各类结构的绑扎程序。

2. 核对钢筋配料单及料牌

根据料单和料牌，核对钢筋半成品的钢号、形状、直径和规格数量是否正确，有无错配、漏配。

3. 保护层的设置

保护层指结构构件中钢筋外边缘至构件表面范围用于保护钢筋的混凝土。保护层的垫设方法有水泥砂浆保护层垫块、钢筋撑脚、塑料垫块和塑料环圈，通常每隔 1m 放置一个，呈梅花形交错布置。

4. 划钢筋位置线

板的钢筋，在模板上划钢筋位置线；柱的箍筋，在两根对角线主筋上划点；梁的箍筋，在架立筋上划点；基础的钢筋，在双向各取一根钢筋上划点或在固定架上划线。钢筋接头应根据下料单确定接头位置、数量，并在模板上划线。

5. 研究钢筋安装顺序，确定施工方法

在熟悉施工图纸的基础上，要仔细研究钢筋安装的顺序，特别是在比较复杂的钢筋安装工程中，应先研究逐根钢筋穿插就位的顺序，并与模板工协调支模顺序，降低绑扎难度。

（二）钢筋绑扎

1. 基础钢筋绑扎

（1）扩展基础

扩展基础底板受力钢筋的最小直径不宜小于 10mm，间距不宜大于 200mm，也不宜小于 100mm；墙下钢筋混凝土条形基础纵向分布钢筋的直径不宜小于 8mm，间距不大于 300mm；每延米分布钢筋的面积应不小于受力钢筋面积的 15%。

当柱下钢筋混凝土独立基础的边长和墙下钢筋混凝土条形基础的宽度大于或等于 2.5m 时，底板受力钢筋的长度可取边长或宽度的 0.9 倍，并宜交错布置。

钢筋混凝土条形基础底板在 T 形及十字形交接处，底板横向受力钢筋仅沿一个主要受力方向通长布置，另一方向的横向受力钢筋可布置到主要受力方向底板宽度 1/4 处，在拐角处底板横向受力钢筋应沿两个方向布置。

（2）筏形基础

箱基底板、筏板顶部跨中钢筋应全部连通，筏形基础应采用双向钢筋网片分别配置在板的顶面和底面，钢筋间距不应小于 150mm，也不宜大于 300mm，受力钢筋直径不宜小于 φ12mm。箱基底板和筏基的底部支座钢筋应分别有 1/4 和 1/3 贯通全跨，梁板式筏基墙柱的纵向钢筋要贯通基础梁，并从梁上皮起满足锚固长度的要求；平板式筏基柱下板带和跨中板带的底部钢筋应有 1/3～1/2 贯通全跨，顶部钢筋应按计算配筋全部连通。当筏板基础厚度大于 2000mm 时，宜在板厚中间设置直径不小于 12mm、间距不大于 300mm 的双向钢筋网。

筏形基础的地下室钢筋混凝土墙体内应设置双面钢筋，钢筋不宜采用光面圆钢筋，水平钢筋的直径不应小于 12mm，竖向钢筋的直径不应小于 10mm，间距不应大于 200mm。

筏板与地下室外墙的接缝、地下室外墙沿高度处的水平接缝应严格按施工缝要求施工，必要时可设通长止水带。

①绑底板下层网片钢筋

根据在防水保护层上弹好的钢筋位置线，先铺下层网片的长向钢筋，钢筋接头尽量采用机械连接，要求接头在同一截面相互错开 50%，同一根钢筋在 35d 或 500mm 的长度内不得有两个接头；后铺下层短向钢筋，钢筋接头同长向钢筋；绑扎局部加强筋。

②绑扎地梁钢筋

在地梁下层水平主钢筋上，绑扎地梁钢筋，地梁箍筋与主筋要垂直，箍筋的弯钩叠合处沿梁水平筋交错布置绑扎在受压区。地梁也可在基槽外预先绑扎好后，根据已划好的梁位置线用塔吊直接吊装到位，但必须注意地梁钢筋龙骨不得出现变形。

③绑扎筏板上层网片钢筋

铺设铁马凳，马凳短间距 1.2~1.5m；先在马凳上绑架立筋，在架立筋上划好的钢筋位置线，按图纸要求，顺序放置上层钢筋的下铁，钢筋接头尽量采用机械连接，要求接头在同一截面相互错开 50%，同一根钢筋尽量减少接头；根据在上层下铁上划好的钢筋位置线，顺序放置上层钢筋，钢筋接头同上层钢筋下铁。

④根据柱、墙体位置线绑扎柱、墙体插筋，将插筋绑扎就位，并和底板钢筋点焊固定，一般要求插筋出底板面的长度不小于 45d，柱绑扎两道箍筋，墙体绑扎一道水平筋。

⑤垫保护层，保护层垫块间距 600mm，梅花形布置。

⑥绑扎钢筋时钢筋不能直接抵到外砖模上，并注意保护防水。钢筋绑扎前，保护墙内侧防水必须甩浆做保护层，要防止防水卷材在钢筋施工时被破坏。

（3）箱形基础

箱形基础的底板和顶板构造同筏形基础，箱形基础的墙体内应设置双层钢筋，每层钢筋的竖向和水平钢筋的直径不应小于 10mm，间距不应大于 200mm。除上部为剪力墙外，内外墙的墙顶处宜配置两根直径不小于 20mm 的通长构造钢筋。洞口上过梁的高度不宜小于层高的 1/5，洞口四周附加钢筋面积不应小于洞口内被切断钢筋面积的一半，且不少于两根直径为 14mm 的钢筋，此钢筋应从洞口边缘处延长 40 倍钢筋直径。

底层柱与箱形基础交接处，柱边和墙边或柱角和八字角之间的净距不宜小于 50mm，柱下三面或四面有箱形基础墙的内柱，除四角钢筋应直通基底外，其余钢筋可终止在顶板底面以下 40 倍钢筋直径处；外柱、与剪力墙相连的柱及其他内柱的纵向钢筋应直通到基底，对预制长柱，应设置杯口，按高杯口基础设计要求处理。

当高层建筑箱形基础下天然地基承载力或沉降变形不能满足设计要求时，可采用桩加箱形或筏形基础，桩的纵向钢筋锚入箱基或筏基底板内的长度不宜小于钢筋直径的 35 倍，对于抗拔桩基不应少于钢筋直径的 45 倍。

2. 主体结构钢筋网片骨架的制作与安装

主体结构绑扎安装钢筋时，要根据不同构件的特点和现场条件，确定绑扎顺序，一般钢筋绑扎的要求：

（1）墙、柱、梁钢筋骨架中各垂直面钢筋网交叉点应全部扎牢，交叉点应采用 20~22 号铁丝绑扣；板上部钢筋网的交叉点应全部扎牢，底部钢筋网除边缘部分外可间隔交错扎牢。

（2）框架节点处梁纵向受力钢筋宜置于柱纵向钢筋内侧；次梁钢筋宜放在主梁钢筋上面；剪力墙中水平分布钢筋宜放在外部，并在墙边弯折锚固。

（3）梁、柱的箍筋弯钩及焊接封闭箍筋的对焊点应沿纵向受力钢筋方向错开设置。

（4）采用复合箍筋时，箍筋外围应封闭。梁类构件复合箍筋内部宜选用封闭箍筋，单数肢也可采用拉筋；柱类构件复合箍筋内部可部分采用拉筋。当拉筋设置在复合箍筋内部不对称的一边时，沿纵向受力钢筋方向的相邻复合箍筋应交错布置。

（5）填充墙构造柱纵向钢筋宜与框架梁钢筋共同绑扎，但不同时浇筑。

（6）钢筋安装应采用定位件固定钢筋的位置，混凝土框架梁、柱保护层内不宜采用金属定位件。

（三）钢筋绑扎质量检查验收

钢筋检查的内容主要有以下四个方面。

（1）钢筋的级别、直径、根数、间距、位置和预埋件的规格、位置、数量是否与设计图相符，要特别注意悬挑结构如阳台、挑梁、雨篷等的上部钢筋位置是否正确，浇筑混凝土时是否会被踩下。

（2）钢筋接头位置、数量、搭接长度是否符合规定。

（3）钢筋绑扎是否牢固，钢筋表面是否清洁，有无污物、铁锈等。

（4）混凝土保护层是否符合要求等。

（四）节材措施

采用钢筋吊凳控制上层板筋保护层及板厚，在完成混凝土浇筑后，取出钢筋吊凳。传统的方法是采用钢筋马凳或垫块撑起，钢筋马凳属于一次性投入，土木工程中现浇楼面钢筋马凳材料用量为每平方米约 0.6kg，假设一个 10000m² 的项目，采用该工法可以节约钢筋 6t，而且工人加工传统的钢筋马凳难以控制尺寸，偏差较大，成本较高。该施工工法，不仅变一次性投入为多次周转，而且从一定程度上杜绝了钢筋的低价值应用。

（五）钢筋工程成品保护

成品保护是贯穿施工全过程的关键性工作，做好成品保护工作，是在施工过程中对已完工分项进行保护。成品保护是施工管理重要组织部分，是工程质量管理、项目成本控制和现场文明施工的重要内容，制定成品保护措施是为了最大限度的消除和避免成品在施工过程中的污染和损坏，以达到减少和降低成本，提高成品一次合格率、一次成优率的目的。钢筋工程成品保护主要措施如下。

（1）加工成型的钢筋或骨架运至现场后，应分别按工号、结构部位、钢筋编号和规格等整齐堆放，保持钢筋表面清洁，防止被油渍、泥土污染或压弯变形。

（2）绑扎完的梁、顶板钢筋，要设钢筋马凳，上铺脚手板作人行通道，要防止板的负弯矩筋被踩下移以及受力构件配筋位置变化而改变受力构件结构。

（3）浇筑混凝土时，地泵管应用钢筋马凳架起并放置在跳板上，不允许直接铺放在绑好的钢筋上，以免泵管振动将结构钢筋振动移位。浇筑混凝土时派专人（钢筋工）负责修理、看护保证钢筋的位置准确。

（4）浇筑混凝土时，竖向钢筋会受到混凝土浆的污染，因此，在混凝土浇筑前用塑料布将钢筋（预留混凝土厚度）向上包裹 40cm，混凝土浇筑完毕后，将包裹的塑料布拆掉（并采用棉纱随浇筑随清理），并将有污染的钢筋上的混凝土渣用钢丝刷刷掉，保证混凝土对钢筋的握裹力。

（5）安装电线管、暖卫管线或其他设施时，不得任意切断和移动钢筋。钢筋如需切断，必须经过设计同意，并采取相应的补强措施。

（6）钢筋绑扎成形后，认真执行三检制度，对钢筋的规格、数量、锚固长度、预留洞口的加固筋、构造加强筋等都要逐一检查核对。

第三节　混凝土工程

一、混凝土的配料

（一）原材料的质量要求

1. 水泥

常用的水泥的种类有：硅酸盐水泥、普通硅酸盐水泥、矿渣硅酸盐水泥、火山灰质硅酸盐水泥、粉煤灰硅酸盐水泥和复合硅酸盐水泥；泵送混凝土宜选用硅酸盐水泥、普通硅酸盐水泥、矿渣硅酸盐水泥和粉煤灰硅酸盐水泥。

水泥品种与强度等级的选用应根据设计、施工要求以及工程所处环境确定。对于一般建筑结构及预制构件的普通混凝土，宜采用普通硅酸盐水泥；高强混凝土和有抗渗、抗冻融要求的混凝土宜采用硅酸盐水泥或普通硅酸盐水泥；有预防混凝土碱-骨料反应要求的混凝土工程宜采用碱含量低于 0.6% 的水泥；大体积混凝土宜采用中、低水化热硅酸盐水泥或低水化热矿渣硅酸盐水泥，用于生产混凝土的水泥温度不宜高于 60℃。

水泥进场时，应按不同厂家、不同品种和强度等级、出厂日期分批存储，防止混掺使用，并应采取防潮措施；出现结块的水泥不得用于混凝土工程；水泥出厂超过 3 个月（硫铝酸盐水泥超过 45d），应进行复检，合格者方可使用。强度、安定性是水泥的重要性能指标，进场时应作复验，其质量应符合现行国家标准的要求。

2. 细骨料

细骨料按其产源可分天然砂、人工砂；按砂的粒径可分为粗砂、中砂和细砂。

细骨料质量主要控制项目应包括颗粒级配、细度模数、含泥量、泥块含量、坚固性、氯离子含量和有害物质含量；海砂主要控制项目除应包括上述指标外尚应包括贝壳含量；人工砂主要控制项目除应包括上述指标外尚应包括石粉含量和压碎值指标，人工砂主要控制项目可不包括氯离子含量和有害物质含量。细骨料的应用应符合下列规定：

（1）泵送混凝土宜采用中砂，且 300pm 筛孔的颗粒通过量不宜少于 15%，并应有良好的级配，细骨料对混凝土拌合物的可泵性有很大影响。对于高强混凝土，砂的细度模数宜控制在 2.6~3.0 范围之内，含泥量和泥块含量分别不应大于 2.0% 和 0.5%。不宜单独采用特细砂作为细骨料配制混凝土。

（2）对于有抗渗、抗冻或其他特殊要求的混凝土，砂中的含泥量和泥块含量分别不应大于 3.0% 和 1.0%；坚固性检验的质量损失不应大于 8%。

（3）钢筋混凝土和预应力混凝土用砂的氯离子含量分别不应大于 0.06% 和 0.02%，海砂氯离子含量不应大于 0.03%，贝壳含量应符合相关规定；海砂不得用于预应力混凝土。

（4）河砂和海砂应进行碱-硅酸反应活性检验；人工砂应进行碱-硅酸反应活性检验和碱-碳酸盐反应活性检验；预防混凝土碱骨料反应的工程，不宜采用有碱活性的砂。

3. 粗骨料

普通混凝土所用的粗骨料可分为碎石和卵石。粗骨料应符合现行行业标准的规定。粗骨料质量主要控制项目应包括颗粒级配、针片状颗粒含量、含泥量、泥块含量、压碎值指标和坚固性，用于高强混凝土的粗骨料主要控制项目还应包括岩石抗压强度。粗骨料在应用方面应符合下列规定：

（1）混凝土粗骨料宜采用连续级配。

（2）对于混凝土结构，粗骨料最大公称粒径不得大于构件截面最小尺寸的 1/4，且不得大于钢筋最小净间距的 3/4；对混凝土实心板，骨料的最大公称粒径不宜大于板厚的 1/3，且不得大于 40mm；对于大体积混凝土，粗骨料最大公称粒径不宜小于 31.5mm。

（3）对于有抗渗、抗冻、抗腐蚀、耐磨或其他特殊要求的混凝土，粗骨料中的含泥量和泥块含量分别不应大于 1.0% 和 0.5%；坚固性检验的质量损失不应大于 8%。

（4）对于高强混凝土，粗骨料的岩石抗压强度应至少比混凝土设计强度高 30%；最大公称粒径不宜大于 25mm，针片状颗粒含量不宜大于 5% 且不应大于 8%；含泥量和泥块含量分别不应大于 0.5% 和 0.2%

（5）对粗骨料或用于制作粗骨料的岩石，应进行碱活性检验，包括碱-硅酸反应活性检验和碱-碳酸盐反应活性检验；对于有预防混凝土碱-骨料反应要求的混凝土工程，不宜采用有碱活性的粗骨料。

（6）泵送混凝土的粗骨料针片状颗粒含量不宜大于 10%。

4. 矿物掺合料

用于混凝土中的矿物掺合料可包括粉煤灰、粒化高炉矿渣粉、硅灰、沸石粉、钢渣粉、磷渣粉；可采用两种或两种以上的矿物掺合料按一定比例混合使用。粉煤灰应符合现大于 0.5%；所用细骨料含泥量不应大于 3.0%，泥块含量不应大于 1.0%。

5. 水

混凝土用水主要控制项目应包括 pH 值、不溶物含量、可溶物含量、硫酸根离子含量、氯离子含量、水泥凝结时间差和水泥胶砂强度比。当混凝土骨料为碱活性时，主要控制项目还应包括碱含量。混凝土用水的应用应符合下列规定：

（1）未经处理的海水严禁用于钢筋混凝土和预应力混凝土。

（2）当骨料具有碱活性时，混凝土用水不得采用混凝土企业生产设备洗刷水。

6. 外加剂

外加剂的种类繁多，按其作用不同可分为减水剂（塑化剂）、引气剂（加气剂）、速凝剂、缓凝剂、防水剂、抗冻剂、保水剂、膨胀剂和阻锈剂等。

外加剂的送检样品应与工程大批量进货一致，并应按不同的供货单位、品种和牌号进行标识，单独存放；粉状外加剂应防止受潮结块，如有结块，应进行检验，合格者应经粉碎至全部通过 600μm 筛孔后方可使用；液态外加剂应储存在密闭容器内，并应防晒和防冻，如有沉淀等异常现象，应经检验合格后方可使用。

泵送混凝土应掺用泵送剂或减水剂，并宜掺用矿物掺合料。对于大体积混凝土结构，为防止产生收缩裂缝，还可掺入适量的膨胀剂。

（二）原材料的进场检验

混凝土原材料进场时，供方应按规定批次向需方提供质量证明文件。质量证明文件应包括型式检验报告、出厂检验报告与合格证等，外加剂产品还应提供使用说明书。散装水泥应按每 500t 为一个检验批；袋装水泥应按每 200t 为一个检验批；粉煤灰或粒化高炉矿渣粉等矿物掺合料应按每 200t 为一个检验批；硅灰应按每 30t 为一个检验批；砂、石骨料应按每 400m³ 或 600t 为一个检验批；外加剂应按每 50t 为一个检验批；水应按同一水源不少于一个检验批。

（三）混凝土配合比

合理的混凝土配合比应能满足两个基本要求：既要保证混凝土的设计强度，又要满足施工所需要的和易性。普通混凝土的配合比，应按国家有关标准进行计算，并通过试配确定。对于有抗冻、抗渗等要求的混凝土，尚应符合相关的规定。

1. 配合比控制

对首次使用的混凝土配合比应进行开盘鉴定。开盘鉴定应符合下列规定：

（1）混凝土的原材料与配合比设计所采用原材料的一致性；

（2）出机混凝土工作性与配合比设计要求的一致性；

（3）混凝土强度；

（4）混凝土凝结时间；

（5）工程有要求时，尚应包括混凝土耐久性能等。

2. 拌合物性能

混凝土拌合物性能应满足设计和施工要求。混凝土的工作性，应根据结构形式、运输方式和距离、泵送高度、浇筑和振捣方式以及工程所处环境条件等确定。

混凝土拌合物的稠度可采用坍落度、维勃稠度或扩展度表示。坍落度检验适用于坍落度不小于 10mm 的混凝土拌合物，维勃稠度检验适用于维勃稠度 5～30s 的混凝土拌合物，扩展度适用于泵送高强混凝土和自密实混凝土。

混凝土拌合物应在满足施工要求的前提下，尽可能采用较小的坍落度；泵送混凝土拌合物坍落度设计值不宜大于 180mm。泵送高强混凝土的扩展度不宜小于 500mm；自密实混凝土的扩展度不宜小于 600mm。

3. 泵送混凝土配合比设计

泵送混凝土配合比设计应根据混凝土原材料、混凝土运输距离、混凝土泵与混凝土输送管径、泵送距离、气温等具体施工条件试配。必要时，应通过试泵送确定泵送混凝土的配合比。

为使混凝土泵送时的阻力最小，泵送混凝土应具有良好的流动性。保持泵送混凝土具有合适的坍落度是泵送混凝土配合比设计的重要内容，入泵送坍落度不宜小于 10cm，对不同泵送高度，入泵时混凝土的坍落度。

（四）混凝土施工配料

1. 配合比设计

遇有下列情况时，应重新进行配合比设计：

（1）当混凝土性能指标有变化或其他特殊要求时；

（2）当原材料品质发生显著改变时；

（3）同一配合比的混凝土生产间断三个月以上时。

混凝土拌制前，应测定砂、石含水率并根据测试结果调整材料用量，提出施工配合比。原材料的计量应按重量计，水和外加剂溶液可按体积计。

2. 施工配合比的换算

混凝土设计配合比是根据完全干燥的粗细骨料试配的，但实际使用的砂、石骨料一般都含有一些水分，而且含水量亦经常随气象条件发生变化。所以，在拌制时应及时测定粗细骨料的含水率，并将设计配合比换算为骨料在实际含水量情况下的施工配合比。

二、混凝土的制备与运输

（一）混凝土的制备

混凝土的制备就是水泥、粗细骨料、水、外加剂等原材料混合在一起进行均匀拌合的过程。搅拌后的混凝土要求匀质，且达到设计要求的和易性和强度。

1. 搅拌机

目前普遍使用的搅拌机根据其搅拌机理可分为自落式搅拌机和强制式搅拌机两大类。强制式搅拌机也称为剪切搅拌机理，适用于搅拌坍落度在 3cm 以下的普通混凝土和轻骨料混凝土，在构造上可分为立轴式和卧轴式两类。

2. 搅拌制度

（1）装料容积

装料容积指的是搅拌一罐混凝土所需各种原材料松散体积之和。一般来说装料容积是搅拌筒几何容积的 1/2～1/3，强制式搅拌机可取上限，自落式搅拌机可取下限。

搅拌完毕混凝土的体积称为出料容积，一般为搅拌机装料容积的 0.55~0.75。目前，搅拌机上标明的容积一般为出料容积。

（2）装料顺序

在确定混凝土各种原材料的投料顺序时，应考虑到如何才能保证混凝土的搅拌质量。减少机械磨损和水泥飞扬，减少混凝土的粘罐现象，降低能耗和提高劳动生产率等。目前采用的装料顺序有一次投料法、二次投料法等。

一次投料法：采用自落式搅拌机时，在料斗中常用的加料顺序是先倒石子，再加水泥，最后加砂。这种加料顺序的优点就是水泥位于砂石之间，进入拌筒时可减少水泥飞扬，提高搅拌质量。

二次投料法：可分为预拌水泥砂浆法和预拌水泥净浆法。预拌水泥砂浆法是指先将水泥、砂和水投入搅拌筒搅拌 1~1.5min 后加入石子再搅拌 1~1.5min。预拌水泥净浆法是先将水和水泥投入拌筒搅拌 1/2 搅拌时间，再加入砂石搅拌到规定时间。实验表明，由于预拌水泥砂浆或水泥净浆对水泥有一种活化作用，因而搅拌质量明显高于一次加料法。若水泥用量不变，混凝土强度可提高 15%左右，或在混凝土强度相同的情况下，可减少水泥用量约 15%~20%。

当采用强制式搅拌机搅拌轻骨料混凝土时，若轻骨料在搅拌前已经预湿，先加粗细骨料和水泥搅拌 30s，再加水继续搅拌到规定时间；若在搅拌前轻骨料未经预湿，先加粗细骨料和总用水量的 1/2 搅拌 60s 后，再加水泥和剩余 1/2 用水量搅拌到规定时间。

（3）搅拌时间

搅拌时间指的是从全部原材料装入拌筒时起，到开始卸料时为止的时间。一般来说，随着搅拌时间的延长，混凝土的匀质性有所增加，相应地混凝土的强度也有所提高。但时间过长，将导致混凝土出现离析现象。

3. 混凝土搅拌站

搅拌站是生产混凝土的场所，根据混凝土生产能力、工艺安排、服务对象的不同，搅拌站可分为施工现场临时搅拌站和大型预拌混凝土搅拌站两类。

（1）施工现场临时搅拌站

简易的现场混凝土搅拌站设备简单，安拆方便，平面布置时水泥库布置在搅拌机的一侧、地表水流向的上游，注意防潮；砂、石布置较为灵活，只是需尽量靠近搅拌机的上料平台，由于石子用量较多，宜先布置且离磅秤和料斗较近。各种原材料的堆放位置都要便于运输，可直接卸货，不需倒运。

（2）大型混凝土搅拌站

大型混凝土搅拌站有单阶式和双阶式两种。

单阶式混凝土搅拌站是由皮带螺旋输送机等运输设备一次将原材料提升到需要高度后，靠自重下落，依次经过储料、称量、集料、搅拌等程序，完成整个搅拌生产流程。单阶式搅拌站具有工作效率高、自动化程度高、占地面积小等优点，但一次投资大。

双阶式混凝土搅拌站是将原材料一次提升后，依靠材料的自重完成储料、称量、集料等工艺，再经第二次提升进入搅拌机进行搅拌。双阶式搅拌站的建筑物总高度较小，运输设备较简单，和单阶式相比投资相对要少，但材料需经两次提升进入拌筒，其生产效率和自动化程度较低，占地面积较大。

（二）混凝土运输

1. 混凝土运输的要求

（1）混凝土运输过程中，要能保持良好的均匀性，应控制混凝土不离析、不分层，并应控制混凝土拌合物性能满足施工要求。

（2）当采用搅拌罐车运送混凝土拌合物时，必须规划重车开行路线，考察沿线路桥载重路况。搅拌罐车运送冬期施工混凝土时，应有保温措施。

（3）当采用泵送混凝土时，混凝土运输应保证混凝土连续泵送，并应符合现行行业标准的有关规定。

（4）混凝土自搅拌机中卸出后，应及时运至浇筑地点，混凝土拌合物从搅拌机卸出至施工现场接收的时间间隔不宜大于90min。

2. 混凝土运输工具

混凝土运输大体可分为地面运输、垂直运输和楼面运输三种。

（1）地面运输

地面运输工具有双轮手推车、机动翻斗车、混凝土搅拌运输车和自卸汽车。双轮手推车和机动翻斗车多用于路程较短的现场内运输。当混凝土需要量较大、远距离运输时，则多采用混凝土搅拌运输车。

采用混凝土搅拌输送车运送混凝土拌合物时，必须将搅拌筒内积水清净，卸料前应采用快挡旋转搅拌罐不少于20s，因运距过远、交通或现场等问题造成坍落度损失较大而卸料困难时，可采用在混凝土拌合物中掺入适量减水剂并快挡旋转搅拌罐的措施，减水剂掺量应有经试验确定的预案。混凝土搅拌运输车在运输途中，搅拌筒应保持正常转速，不得停转。在运输和浇筑成型过程中严禁加水。混凝土搅拌运输车的现场行驶道路，应符合下列规定：

①宜设置循环行车道，并应满足重车行驶要求；

②车辆出入口处，宜设置交通安全指挥人员；

③夜间施工时，现场交通出入口和运输道路上应有良好照明，危险区域应设安全标志。

在长距离运输时，也可将配制好的混凝土干料装入筒内，在运输途中加水搅拌，以减少因长途运输而引起的混凝土坍落度损失。

（2）楼面运输

楼面运输可用手推车、皮带运输机、塔式起重机、混凝土布料杆。楼面运输应保证模板和钢筋不发生变形和位移，防止混凝土离析等。

混凝土布料杆是完成输送、布料、摊铺混凝土浇筑入模的一种设备。混凝土布料杆大致可分为汽车式布料杆（亦称混凝土泵车布料杆）和独立式布料杆两大类。

①汽车式布料杆

混凝土泵车布料杆，是在混凝土泵车上附装的既可伸缩也可曲折的混凝土布料装置。泵车的臂架形式主要有连接式、伸缩式和折叠式 3 种。

②独立式布料杆

独立式布料杆根据它的支承结构形式大致上有 4 种形式：移置式布料杆、管柱式机动布科杆、装在塔式起重机上的布料杆。

（3）垂直运输

垂直运输可用井架、卷扬机、人货两用电梯、塔式起重机、混凝土泵等。

三、混凝土的质量检查

为了保证混凝土的质量，必须对混凝土生产的各个环节进行检查，检查内容包括：水泥品种及等级、砂石的质量及含泥量、混凝土配合比、搅拌时间、坍落度、混凝土的振捣等环节。检查混凝土质量应做抗压强度试验，当有特殊要求时，还需做混凝土的抗冻性、抗渗性等试验。

原材料进场时，应按规定批次验收型式检验报告、出厂检验报告或合格证等质量证明文件，外加剂产品还应具有使用说明书。

混凝土强度试样应在混凝土的浇筑地点随机取样，预拌混凝土的出厂检验应在搅拌地点取样，交货检验应在交货地点取样。试件的取样频率和数量应符合下列规定：

（1）每 100 盘，但不超过 100m³ 的同配合比的混凝土，取样次数不应少于一次；

（2）每一工作班拌制的同配合比的混凝土不足 100 盘和 100m³ 时其取样次数不应少于一次；

（3）当一次连续浇筑的同一配合比混凝土超过 1000m³ 时，每 200m³ 取样不应少于一次；

（4）对房屋建筑，每一楼层、同一配合比的混凝土，取样不应少于一次，每次取样应至少留置一组标准养护试件，同条件养护试件的留置组数应根据实际需要确定。

混凝土抗压强度通过试块做抗压强度试验判定，每组三个试件应由同一盘或同一车的混凝土中就地取样制作成边长 15cm 的立方体。当试块用于评定结构或构件的强度时，试块必须进行标准养护，即在温度为 20±3℃和相对湿度为 90%以上的潮湿环境中养护 28d。当试块作为施工的辅助手段，用于检查结构或构件的强度以确定拆模、出池、吊装、张拉及临时负荷时，应将试块置于测定构件同等条件下养护。并按下列规定确定该组试件的混凝土强度代表值：取 3 个试块强度的算术平均值；当 3 个试块强度中的最大值或最小值与中间值之差超过中间值的 15%时，取中间值；当 3 个试块强度中的最大值和最小值与中间值之差均超过 15%时，该组试块不应作为强度评定的依据。

混凝土强度应分批进行验收。同一验收批的混凝土应由强度等级相同、龄期相同以及生产工艺和配合比基本相同且不超过三个月的若干组混凝土试块组成，并按单位工程的验收项目划分验收批，每个验收项目应按混凝土强度检验评定标准确定。同一验收批的混凝土强度，应以同批内全部标准试件的强度代表值来评定。

四、大体积混凝土

（一）大体积混凝土概念

大体积混凝土一般多为建筑物、构筑物的基础，如钢筋混凝土箱形基础、筏形基础等。工程实践表明：混凝土的温升和温差与表面系数有关，单面散热的结构断面最小厚度在 750mm 以上，双面散热的结构断面最小厚度在 1000mm 以上，水化热引起的混凝土内外最大温差预计可能超过 25℃，应按大体积混凝土施工。大体积混凝土应符合下列要求：（1）大体积混凝土宜采用后期强度作为配合比、强度评定的依据。基础混凝土可采用龄期为 60d（56d）、90d 的强度等级；柱、墙混凝土强度等级不小于 C80 时，可采用龄期为 60d（56d）的强度等级。采用混凝土后期强度应经设计单位认可。（2）大体积混凝土的结构配筋除应满足结构强度和构造要求外，还应结合大体积混凝土的施工方法配置控制温度和收缩的构造钢筋。（3）大体积混凝土置于岩石类地基上时，宜在混凝土垫层上设置滑动层。（4）设计中宜采用减少大体积混凝土外部约束的技术措施。（5）设计中宜根据工程的情况提出温度场和应变的相关测试要求。

1. 筏形基础

筏形基础由整块钢筋混凝土平板或梁板组成，它在外形和构造上如同倒置的钢筋混凝土无梁楼盖或肋形楼盖，分为平板式和梁板式两类，这类基础由于扩大了基础底面积，整体性好，抗弯刚度大，可调整和避免结构物局部发生显著的不均匀沉降。

筏形基础的混凝土强度等级不低于 C30，箱形基础的混凝土强度等级不低于 C25。当筏形基础或箱形基础下的天然地基承载力或沉降值不能满足设计要求时，往往采用桩筏或桩箱基础。桩上筏形与箱形基础的混凝土强度等级不低于 C30。

（1）构造要求

筏形基础上有地下室时应采用防水混凝土，防水混凝土的抗渗等级应根据基础埋深及地下水的最大水头与防渗混凝土厚度的比值，基础及地下室的外墙、底板，当采用粉煤灰混凝土时，可采用 60d 或 90d 龄期的强度指标作为其混凝土材料设计强度。

（2）高层建筑筏形基础与裙房基础之间的构造要求

①当高层建筑与相连的裙房之间设置沉降缝时，高层建筑的基础埋深应大于裙房基础的埋深至少 2m；当不满足要求时必须采取有效措施，例如沉降缝地面以下处，应用粗砂填实。

②当高层建筑与相连的裙房之间不设置沉降缝时，宜在裙房一侧设置后浇带，后浇带的位置宜设在距主楼边柱的第二跨内。后浇带混凝土必须在实测沉降值与计算后期沉降差满足要求后，方可进行浇筑。

③当高层建筑与相连的裙房之间不允许设置沉降缝和后浇带时，高层建筑及与其紧邻一跨裙房的筏板应采用相同厚度，裙房筏板的厚度宜从第二跨裙房开始逐渐变化，应同时满足主、裙楼基础整体性和基础板的变形要求。

（3）筏形基础施工工艺

基坑降水（若有）→基坑开挖→验槽→垫层施工→筏基边 240mm 砖胎模施工（外防外贴保护墙施工）→后浇带设置→地下防水平面施工（→地下防水立面外防内贴施工与砖胎模）→平面、立面防水保护层施工→筏基底部钢筋绑扎与连接（优选直螺纹机械连接）→梁板式筏基的梁底部钢筋绑扎与连接（优选直螺纹机械连接）→底部钢筋保护层垫设、架立筏板上层钢筋马凳→筏基上部钢筋绑扎与连接（优选直螺纹机械连接）→梁板式筏基的梁上部钢筋绑扎与连接（优选直螺纹机械连接）→柱、墙插筋定位→外墙及基坑模板支设→止水带安装→筏基混凝土浇筑。

2. 箱形基础

箱形基础有底板、剪力墙、顶板三部分组成。箱形基础的平面尺寸应根据地基土承载力和上部结构布置以及荷载大小等因素确定。

基础长度超过 40m 时，宜设置后浇带，当主楼与裙房为整体基础，采用后浇带时，后浇带的处理方法同筏形基础与裙房基础之间的构造要求，后浇带及整体基础底面的防水处理应同时做好，并注意保护。后浇带保留时间应根据沉降分析确定。

高层建筑同一结构单元内箱形基础的埋置深度宜一致，且不得局部采用箱形基础。抗震设防区天然土质地基上的箱形埋深不宜小于建筑物高度的 1/15；当桩与箱基底板或筏板连接时，桩箱或桩筏基础的埋置深度（不计桩长）不宜小于建筑物高度的 1/18。

（1）构造要求

箱基防水采用密实混凝土刚性防水，外围结构混凝土强度等级不应低于 C15，抗渗等级不应低于 P6，必要时可采用架空隔水层方法或柔性防水方案。箱基在施工、使用阶段均应验算抗浮稳定性，地下水对箱形基础的浮力，一般不考虑折减，抗浮安全系数宜取 1.2。

（2）高层建筑箱形基础与裙房基础之间的构造要求

当箱基的外墙设有窗井时，窗井的分隔墙应与内墙连成整体，视作箱形基础伸出的挑梁，窗井底板应按支承在箱基外墙、窗井外墙和分隔墙上的单向板或双向板计。与高层建筑相连的门厅等低矮单元基础，可采用从箱形基础挑出的基础梁方案，挑出长度不宜大于 0.15 倍箱基宽度，并考虑偏心影响。挑出部分下面应采取挑梁自由下沉的措施。

（3）箱形基础施工工艺

箱基底板后浇带留设→箱基底板钢筋绑扎及柱、墙插筋→箱基底板及箱基墙体施工缝以下墙体混凝土施工→箱基墙体施工缝以上墙体施工→箱基顶板模板支设、设备安装或留洞→箱基顶板钢筋绑扎及混凝土浇筑。

（4）主要工序应注意的问题

①箱基底板施工同筏基，注意墙柱预埋甩出钢筋必须用塑料套管加以保护，避免混凝土污染钢筋。

②施工缝以下墙体模板安装。由于箱型基础底板与墙体一般分开施工，且一般具有防水要求，考虑防水、应力集中、施工缝留设的要求，一般在施工箱基底板时，要施工一定高度的墙体，所以墙体施工缝一般留在距底板顶部不小于 30cm 处，此处的止水带安装是关键。因此，墙体模板必须和底板模板同时安装一部分，这部分模板一般高度为 600mm 即可。采用吊模施工内侧模板，在内侧模板底部用钢筋马凳支撑，内侧模板和外侧模板用带止水片穿墙螺栓加以连接，外侧模板用斜撑与基坑侧壁撑牢。如底板中有基础梁，则梁侧模全部采用吊模施工，梁与梁之间用钢管加以锁定。

③240mm 砖胎模。砖胎模砌筑前，先在垫层面上放线，砌筑时要求拉直线，砖模内侧、墙顶面抹 15mm 厚的水泥砂浆并压光，同时阴阳角做成圆弧形。底板外墙侧模采用 240mm 厚砖胎模，高度同底板厚度，当可以兼作外墙部分模板时，砖胎模高度以底板厚度加 450mm 为宜，内侧及顶面采用 1:2.5 水泥砂浆抹面。考虑混凝土浇筑时侧压力较大，砖胎模外侧面必须支撑加固，支撑间距不大于 1.5m。

（二）大体积混凝土施工要点

1. 大体积混凝土配合比设计

（1）原材料

水泥：选用水化热低的水泥，并宜掺加粉煤灰、矿渣粉和高性能减水剂，控制水泥用量，大体积混凝土施工所用水泥 3d 天的水化热不宜大于 240kJ/kg，7d 天的水化热不宜大于 270kJ/kg。当混凝土有抗渗指标要求时，所用水泥的铝酸三钙含量不宜大于 8%；所用水泥在搅拌站的入机温度不应大于 60℃。

骨料：细骨料宜采用中砂，其细度模数宜大于 2.3，含泥量不大于 3%；粗骨料宜选用粒径 5~31.5mm，并连续级配，含泥量不大于 1%；应选用非碱活性的粗骨料；当采用非泵送施工时，粗骨料的粒径可适当增大。

外加剂：外加剂的品种、掺量应根据工程所用胶凝材料经试验确定；应提供外加剂对混凝土后期收缩性能的影响报告；耐久性要求较高或寒冷地区的大体积混凝土，宜采用引气剂或引气减水剂。

（2）配合比设计

大体积混凝土配合比的设计除应符合工程设计所规定的强度等级、耐久性、抗渗性、体积稳定性等要求外，还应进行水化热、泌水率、可泵性等对大体积混凝土控制裂缝所需的技术参数的试验。

大体积混凝土配合比设计中，水胶比不宜大于 0.55，砂率宜为 38~42%，拌合物泌水量宜小于 10L/m^3，拌合水用量不宜大于 175kg/m^3，入模坍落度不低于 160mm。

混凝土和易性宜采用掺合料和外加剂改善，粉煤灰掺量不宜超过胶凝材料用量的 40%，矿渣粉的掺量不宜超过胶凝材料用量的 50%，粉煤灰和矿渣粉掺合料的总量不宜大于混凝土中胶凝材料用量的 50%。

2. 大体积混凝土运输

大体积混凝土宜采用预拌混凝土，其质量应符合国家现行标准的有关规定，并应满足施工工艺对入模坍落度、入模温度等的技术要求。在同一工程同时使用多厂家制备的预拌混凝土进行施工时，要求各厂家的原材料、配合比、材料计量、外加剂品种、制备工艺和质量检验必须相同。

（1）混凝土搅拌运输车坍落度损失调整

搅拌运输过程中需补充外加剂或调整拌合物质量时，宜符合下列规定：

①当运输过程中出现离析或使用外加剂进行调整时，搅拌运输车应进行快速搅拌，搅拌时间应不小于 120s。

②运输过程中严禁向拌合物中加水。

③运输过程中，坍落度损失或离析严重，经补充外加剂或快速搅拌已无法恢复混凝土拌合物的工艺性能时，不得浇筑入模。

（2）混凝土固定泵输送管线设置

混凝土固定泵输送管线宜直，转弯宜缓，避免布置大于45°下弯输送管线。每个输送管接头必须加密封垫以确保严密，泵管支撑必须牢固。泵送前先用适量与混凝土强度同等级的减石子混凝土润管。减石子混凝土砂浆输送到基坑内，要抛散开，不允许减石子混凝土砂浆堆在一个地方。

3. 大体积混凝土浇筑方案

大体积混凝土结构整体性要求较高，通常不允许留施工缝。因此，分层浇筑方案必须保证混凝土搅拌、运输、浇筑、振捣各工序协调配合，并在此基础上，根据结构大小，钢筋疏密等具体情况，选用浇筑方案。

（1）全面分层

在整个结构内全面分层浇筑混凝土，要做到第一层全部浇筑完毕，在初凝前浇筑第二层，如此逐层进行，直至浇筑完成。采用此方案，结构平面尺寸不宜过大，施工时从短边开始，沿长边进行，必要时亦可从中间向两端或从两端向中间同时进行。

（2）分段分层

混凝土从底层开始浇筑，进行一定距离后回来浇筑第二层，如此依次向上浇筑以上各层。分段分层浇筑方案适用于厚度不太大而面积或长度较大的结构。

（3）斜面分层

适用于结构的长度超过厚度3倍的情况。斜面坡度为1∶3，斜面分层浇筑顺序宜从低处开始，沿长边方向自一端向另一端方向浇筑，一般采用斜面式薄层浇捣，利用自然流淌形成斜坡，分层振捣密实，以利于混凝土的水化热的散失。如此依次向前浇筑以上各层，浇筑时应采取防止混凝土将钢筋推离设计位置的措施。边角处要多加注意，防止漏振，振捣棒不宜靠近模板振捣，且要尽量避免碰撞钢筋、止水带、预埋件等。

4. 大体积混凝土的裂缝防治措施

大体积混凝土的裂缝防治，一般从控制混凝土的水化温升、延缓降温速率、减小混凝土收缩、提高混凝土的极限拉伸强度、改善约束条件等方面全面考虑。

大体积混凝土结构由于其结构截面大，水泥用量多，水泥水化所释放的水化热会产生较大的温度变化和收缩作用，由此形成的温度收缩应力是导致钢筋混凝土产生裂缝的主要原因。这种裂缝有表面裂缝和贯通裂缝两种，这两种裂缝都属有害裂缝。大体积混凝土的裂缝防治主要措施：

（1）合理选择原材料，降低水泥水化热

①水泥应选用水化热低和凝结时间长的水泥，如低热矿渣硅酸盐水泥、中热硅酸盐水泥、矿渣硅酸盐水泥、粉煤灰硅酸盐水泥、火山灰质硅酸盐水泥等；当采用硅酸盐水泥或普通硅酸盐水泥时，应采取相应措施延缓水化热的释放。

②粗骨料宜采用连续级配，细骨料宜采用中砂。

③大体积混凝土应掺用缓凝剂、减水剂和减少水泥水化热的掺合料，在拌合混凝土时，还可掺入适量的微膨胀剂或膨胀水泥，使混凝土得到补偿收缩，减少混凝土的温度应力。

④大体积混凝土在保证混凝土强度及坍落度要求的前提下，应提高掺合料及骨料的含量，以降低每立方米混凝土的水泥用量。例如：在厚大无筋或少筋的大体积混凝土中，掺加总量不超过 20% 的大石块，减少混凝土的用量，以达到节省水泥和降低水化热的目的。

（2）降低混凝土内外温度差

①要合理安排施工顺序，控制混凝土温度在浇筑过程中浇筑速度，用多台输送泵同时进行浇筑时，输送泵管布料点间距不宜大于 10m，并宜由远而近浇筑。用汽车布料杆输送浇筑时，应根据布料杆工作半径确定布料点数量，各布料点浇筑速度应保持均衡。

②不能避开炎热天气时，可采用低温水或冰水搅拌混凝土，对骨料进行预冷、覆盖、遮阳等措施，运输工具如具备条件也应搭设避阳设施，以降低混凝土拌合物的入模温度。

③在混凝土入模时，采取措施改善和加强模内的通风，加速模内热量的散发；在基础内部预埋冷却水管，通入循环冷却水，强制降低混凝土内温度。

（3）改善约束条件，削减温度应力

采取分层或分块浇筑大体积混凝土，合理设置水平或垂直施工缝，或在适当的位置设置施工后浇带，以放松约束程度，减少每次浇筑长度，在基础与垫层之间设置滑动层，如采用平面浇沥青胶、铺砂、刷热沥青或铺卷材。

贯通裂缝一般出现在超长大体积混凝土中，一般通过分层浇筑、留设后浇带分段浇筑或跳仓法施工方案，控制浇筑长度、改善约束条件的办法预防贯通裂缝的发生。

（4）增加抵抗温度应力的构造配筋

在大体积混凝土基础内设置必要的温度配筋，在截面突变和转折处，增加斜向构造配筋，以改善应力集中，防止裂缝的出现。

（5）加强施工中的温度控制

大体积混凝土宜对施工阶段大体积混凝土浇筑体的温度应力及收缩应力进行试算，并确定施工阶段大体积混凝土浇筑体的升温峰值，里表温差及降温速率的控制指标，制定相应的温控技术措施。施工中要加强测温和温度监测与管理，实行信息化控制，随时控制混凝土内的温度变化，及时调整保温及养护措施，使混凝土的温度梯度不至过大，以有效控制有害裂缝的出现。

（6）改进施工工艺，消除表面裂缝

表面裂缝是由于混凝土表面和内部的散热条件不同、温度外低内高，形成了温度梯度，使混凝土内部产生压应力，表面产生拉应力，表面的拉应力超过混凝土抗拉强度而引起的。混凝土的表面收缩裂缝一般通过二次振捣多次搓平的方法，必要时可在混凝土表层设置钢丝网，减少表面收缩裂缝。具体方法是振捣完后先用长刮杠刮平，待表面收浆后，用木抹再搓平表面，并覆盖塑料薄膜。在终凝前掀开塑料薄膜再进行搓平，要求搓压三遍，最后一遍抹压要掌握好时间。混凝土搓平完毕后立即用塑料布覆盖养护，浇水养护时间为 14d。

5. 后浇带设置

后浇带的浇筑需要在不少于 40d 后进行，后浇带浇筑混凝土前，应将缝内的杂物清理干净，无论何种形式的后浇带界面，在处理前都必须凿毛清理干净，涂刷界面剂，同时进行钢筋的除锈工作。后浇带宜选用早强、补偿收缩混凝土浇筑，并覆盖养护，补偿收缩混凝土一般采用掺加铝粉配制混凝土或掺加 UEA 微膨胀剂的混凝土。当现场缺乏这类掺加剂时，亦可采用普通水泥拌制的混凝土，但要求混凝土比原结构的强度等级提高一个等级，长期潮湿养护。

6. 大体积混凝土模板系统要求

大体积混凝土的模板和支架系统除应按国家现行有关标准的规定进行强度、刚度和稳定性验算外，同时还应结合大体积混凝土的养护方法进行保温构造设计。

施工中必须注意拆模后浇带处支撑安全，近几年由于后浇带处支撑问题，出现了大量的工程质量事故，这是由于在未进行后浇带混凝土的浇筑及后浇带混凝土未达到强度前，如果撤除底模的支撑架后，后浇带处许多结构构件是处于悬臂状态，故其底模的支撑架的强度、刚度、稳定性，直接影响结构安全，所以后浇带处的支撑架不能随便拆卸。

7. 大体积混凝土养护

大体积混凝土应进行保温保湿养护，在混凝土浇筑完毕初凝前，宜立即进行喷雾养护工作，尚应及时按温控技术措施要求进行保温养护，应专人负责保温养护工作，保湿养护持续时间不得少于 14d，应经常检查塑料薄膜或养护剂涂层的完整情况，保持混凝土表面湿润。

在保温养护过程中，应对混凝土浇筑体的里表温差和降温速率进行现场监测，当实测结果不满足温控指标的要求时，应及时调整保温养护措施。当混凝土的表面温度与环境最大温差小于 20℃时，保温覆盖层可撤除。对于混凝土的泌水宜采用抽水机抽吸或在侧模上开设泌水孔排除。

（三）大体积混凝土施工管理

1. 大体积混凝土施工方案

大体积混凝土施工应编制专项施工技术方案，其主要内容有：

（1）大体积混凝土浇筑体温度应力和收缩应力的计算；

（2）施工阶段主要抗裂构造措施和温控指标的确定；

（3）原材料优选、配合比设计、制备与运输；

（4）混凝土主要施工设备和现场总平面布置；

（5）温控监测设备和测试布置图；

（6）混凝土浇筑运输顺序和施工进度计划；

（7）混凝土保温和保湿养护方法；

（8）主要应急保障措施、特殊部位和特殊气候条件下的施工措施。

2. 大体积混凝土施工监测

（1）抗浮监测

筏板和箱型基础施工期间抗浮问题尤为突出，在施工中一般通过施工降排水和地下水位监测解决和控制，但这一点往往被施工技术人员忽视。近年来，因施工期间停止降水，地下水位过早升高而发生的工程问题常有发生。如：某工程设有 4 层地下室，结构施工至 ±0.000 时，施工停止了降水，也未通知设计单位。两个月后，发现整个地下室上浮，最大处可达 20cm。因此施工期间的抗浮问题应该引起重视，同时作好地下水位监测，确保工程安全。

（2）内外温差监测

混凝土结构在建设和使用过程中出现不同程度、不同形式的裂缝，这是一个相当普遍的现象，筏板和箱型基础的底板一般是大体积混凝土，其结构出现裂缝更普遍。在全国调查的高层建筑地下结构中，底板出现裂缝的现象占调查总数的 20% 左右，地下室的外墙混凝土出现裂缝的现象占调查总数的 80% 左右。据裂缝原因分析，属于由变形（温度、湿度、地基沉降）引起的约占 80% 以上，属于荷载引起的约占 20% 左右。为避免筏板和箱型基础在浇筑过程中，由于水泥水化热引起的混凝土内部温度和温度应力的剧烈变化，从而导致混凝土发生裂缝，需对筏板和箱型基础混凝土表面和内部的温度进行监测。采取有效措施控制因水化热引起的升温速度、内外温差及降温速度，防止混凝土出现有害的温度裂缝。

第四章　桩工程与砌筑工程

第一节　预制桩施工

一、钢筋混凝土预制桩的制作、起吊、运输和堆放

（一）制作

1. 方桩

方桩即实心桩（RC 桩），通常为边长 250~550mm 的方形断面，如在工厂制作，长度不宜超过 12m；如在现场预制，长度不宜超过 30m。桩的接头不宜超过 2 个。

2. 预应力管桩

预应力管桩即 PC 桩，预应力管桩一般为外径 400~500mm 的空心圆柱形截面，壁厚 80~100mm，在工厂采用"离心法"制成，分节长度 8~10m，用法兰连接，桩的接头不宜超过 4 个，下节桩底端可设桩尖，也可以开口。管桩多采用先张法预应力工艺

在钢筋混凝土预制桩制作中，筋骨架质量根据《建筑地基基础工程施工质量验收标准》的规定应符合表 4-1 的标准。

表 4-1　筋骨架质量检验标准

项目	序号	检查项目	允许偏差/mm	检验方法
主控项目	1	主筋距桩顶距离	±5	用钢尺量
	2	多节桩锚固钢筋位置	5	用钢尺量
	3	多节桩预埋铁件	±3	用钢尺量
	4	主筋保护层厚度	±5	用钢尺量

项目	序号	检查项目	允许偏差/mm	检验方法
一般项目	1	主筋间距	±5	用钢尺量
	2	桩尖中心线	10	用钢尺量
	3	箍筋间距	±20	用钢尺量
	4	桩顶钢筋网片	±10	用钢尺量
	5	多节桩锚固钢筋长度	±10	用钢尺量

（二）起吊、运输和堆放

预制桩达到设计强度等级的 70% 后方可起吊，起吊时应用吊索按设计规定的吊点位置进行吊运。如无吊环且设计又未作规定时，可按吊点间的跨中正弯矩与吊点处负弯矩相等的原则来确定吊点位置。起吊时钢丝绳与桩之间应加衬垫，以免损坏棱角。起吊时应平稳提升，避免摇晃、撞击和振动。

预制钢筋混凝土桩堆放高度不宜超过四层，地面应坚实、平整，垫长枕木。支承点在吊点位置，垫木上下对齐。

二、预制桩沉桩工艺流程

预制桩的沉桩方法有锤击法、静力压桩法、振动法和水冲法等，首先介绍一般的沉桩工艺。

（一）施工准备

清除地上和地下障碍物→平整场地→定位放线→通电、通水→安设沉桩机。

（二）合理确定沉桩顺序

由于预制桩沉桩对土体的挤密作用，会使先沉的桩因受水平推挤而造成偏移和变位，或被垂直挤拔造成浮桩。而后沉入的桩因土体挤密，难以达到设计标高或入土深度，或造成土体隆起和挤压，截桩过大。因此，进行群桩施工时，为了保证沉桩工程质量，防止周围建筑物受土体挤压的影响，沉桩前应根据桩的密集程度、桩的规格、长短和桩架的移动方便等因素来正确选择沉桩顺序。对标高不一的桩应遵循"先深后浅"的原则；对不同规格的桩，应遵循"先大后小、先长后短"的原则。

（1）由一侧向单一方向进行（逐排沉桩）。此法桩的就位和起吊方便，沉桩效率高，但土壤向一个方向挤压，当桩距大于或等于 4 倍桩径时，土壤的挤压影响可忽略，当桩距小于 4 倍桩径时会产生桩身倾斜或浮桩，应考虑间隔沉桩或变换沉桩顺序，如图 4-1（a）所示。

（2）自中间向两个方向进行。此法适宜大面积的桩群，如图4-1（b）所示。

（3）自中间向四周进行。此法适宜大面积的桩群，如图4-1（c）所示。

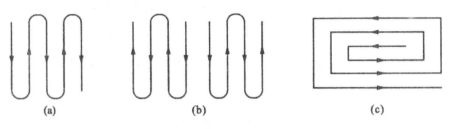

图4-1　常用的沉桩顺序示意图

（三）工艺流程

1. 测量定位

根据设计图纸编制工程桩测量定位图，并保证轴线控制点不受沉桩时振动和挤土的影响，以及控制点的准确性。根据实际沉桩线路图，按施工区域划分测量定位控制网，一般一个区域内根据每天施工进度放样10~20根桩位，在桩位中心点地面上打入一根φ6长30~40cm的钢筋，并用红油漆等标示。桩机移位后，应进行第二次核样，核样根据轴线控制网点所标示工程桩位坐标点（X、Y值），采用极坐标法进行核样，保证工程桩位偏差值小于10mm，并以工程桩位点为中心，用白灰按桩径大小画一个圆圈，以方便插桩和对中。工程桩在施工前，应根据施工桩长在匹配的工程桩身上画出以米为单位的长度标记，并按从下至上的顺序标明桩的长度，以便观察桩的入土深度。

2. 桩机就位

为保证沉桩机下地表土受力均匀，防止不均匀沉降，保证沉桩机械施工安全，应采用厚度为2~3cm的钢板铺设在桩机履带下，钢板宽度比桩机宽2m左右，以保证桩机行走和沉桩的稳定性。根据沉桩机桩架下端的角度计初调桩架的垂直度，并用线坠由桩帽中心点吊下与地上桩位点初对中。

3. 沉桩

桩插入土中时的垂直度偏差不应超过0.5%，固定沉桩设备和桩帽，使桩、桩帽、沉桩设备在同一铅垂线上，确保桩能垂直下沉。沉桩过程中，如遇桩身倾斜、桩位位移、贯入度剧变、桩顶或桩身产生严重裂缝或破碎等异常情况，应暂停沉桩，处置后再行施工。当桩顶设计标高低于自然地面时，可采用送桩法将桩送入土中，桩与送桩器应在同一轴线上，拔出送桩杆后，桩孔应及时回填。

4. 接桩

当管桩需接长时，接头个数不宜超过 3 个且尽量避免在厚黏性土层中接桩。常用的接桩方法有焊接、法兰连接或硫黄胶泥锚接。前两种方法适用于各类土层，后一种适用于软土层。焊接接桩时，钢板宜用低碳钢，焊条宜用 E43，先四角点焊固定，再对称焊接；法兰接桩时，钢板和螺栓也宜用低碳钢并紧固牢靠；硫黄胶泥锚接桩时的硫黄胶泥配合比应通过试验确定。

三、预制钢筋混凝土桩常见的沉桩方式

（一）锤击沉桩

锤击沉桩设备包括桩锤、桩架和动力装置。

正常打桩宜采用重锤低击，桩锤的选用应根据地质条件、桩型、桩的密集程度、单桩竖向承载力及现有施工条件等决定。沉桩时，在桩的自重和锤重的压力下，桩便会沉入一定深度，等桩下沉达到稳定状态后，再一次检查其平面位置和垂直度，校正符合要求后，即可进行打桩。为了防止击碎桩顶，应在混凝土桩的桩顶和桩帽之间、桩锤与桩帽之间放上硬木、麻袋等弹性衬垫作缓冲层。

桩终止锤击的控制应符合下列规定：①当桩端位于一般土层时，应以控制桩端设计标高为主，贯入度为辅；②桩端达到坚硬、硬塑的黏性土，中密以上粉土、砂土、碎石类土及风化岩时，应以贯入度控制为主，桩端标高为辅；③贯入度已达到设计要求而桩端标高未达到时，应继续锤击 3 阵，每阵 10 击，并按贯入度不应大于设计规定的数值确认，必要时，施工控制贯入度应通过试验确定。

（二）静压沉桩

静压沉桩桩机有机械式和液压式之分，目前使用的多为液压式静力压桩机，压力可达 7000 kN。

静力压桩多采用分段预制、分节压入、逐段接长。当下节桩压入土中后，上端距地面 0.8～1m 时接长上节桩，继续压入。每根桩的压入、接长应连续。

静力压桩，免去锤击应力，只需要满足吊桩弯矩、压桩和使用期间的受力要求，因此，其截面尺寸、混凝土强度等级及配筋量都可以减少，可节省钢材、混凝土用量和降低施工成本。使用静力压桩无噪音、无振动，对周围环境的干扰和影响较小，特别适用于对噪音、振动有特殊要求的区域施工，如扩建工程、市区内基础工程，精密仪器车间的扩建、改建工程。静力压桩，桩顶不会承受锤击应力，可以避免桩顶破碎和桩身开裂，同

时，压入桩所引起的桩周围土体隆起和水平位移比沉桩小得多，因此静压沉桩对土体结构的破坏程度和破坏范围要比锤击沉桩小，可以确保施工质量，提高施工速度。

由于静力压桩的摩阻力与桩的承载力有线性关系，因此，不需要做试验试桩便可得出单桩承载力。终压条件应符合下列规定：①应根据现场试压桩的试验确定终压力标准；②终压连续复压次数应根据桩长及地质条件等因素确定。对于入土深度大于或等于8m的桩，复压次数可为2~3次；对于入土深度小于8m的桩，复压次数可为3~5次；③稳压压桩力不得小于终压力，稳定压桩的时间宜为5~10 s。

（三）振动法沉桩

振动法沉桩是将桩和振动桩锤连接在一起，振动桩锤产生的振动力通过桩身使土体振动，土体的内摩擦角小，强度降低而将桩沉入土中。此法适用于沉钢板桩、钢管桩及长度在15m内的细长钢筋混凝土预制桩，在砂土中效率最高，黏土中略差。

（四）射水沉桩

射水沉桩是锤击沉桩的一种辅助方法，利用高压水流经过桩侧面或空心桩内部射水管冲击桩尖附近水层，便于锤击。边冲边打，当沉桩至最后1~2m时，停止冲水，用锤击至规定标高。射水沉桩适用于砂土和碎石土。

四、沉桩对周围环境的影响及预防措施

（一）沉桩对周围环境的影响

（1）沉桩的挤土效应使土体产生隆起和水平方向的挤压，引起相邻建筑物和市政设施的不均匀变形以致损坏（建筑物基础被推移，墙体开裂，管线破损断裂等）；挤土效应所引起的环境影响以混凝土预制方桩和闭口钢桩为最甚，开口钢桩和混凝土管桩次之；锤击沉桩和静压沉桩都有挤土的不良效应。

（2）锤击沉桩时的振动波对环境也有不良影响，会导致邻近建筑物产生剧烈的振动使门窗晃动，造成居民的不安；会影响精密设备和精密仪器的工作精度，甚至损坏设备；振动主要是由锤击沉桩引起，静压沉桩没有剧烈的振动影响。

（3）锤击沉桩时的噪声对环境的污染相当严重，波及范围相当广，对居民生活造成不良的影响。

（二）主要预防措施

（1）制订合理的沉桩施工组织计划。合理安排沉桩顺序、控制沉桩速度是降低挤土效

应、防止出现事故的主要措施。沉桩顺序应背离保护对象由近向远沉桩，在场地空旷的条件下，宜采取先中央后四周、由里及外的顺序沉桩。每天的沉桩数量不宜过多，使挤土引起的孔隙水压力能有足够的时间消散，从而有效地减少挤土效应。

（2）布置监测系统。在沉桩影响范围内，应布置对被影响建筑物的监测。沉桩影响范围一般为 0.5~1.5 倍的桩的入土深度。

（3）采取防护措施。设置竖向排水通道，如塑料排水板、袋装砂井等，以便及时排水，使孔隙水压力得以迅速消散；在桩位或沉桩区外钻孔取土，在桩位取土是预钻孔措施，以减小挤土量，减小挤土效应；在沉桩区外钻孔的目的是消除从沉桩区传向被保护建筑物的挤土压力；在地下管线附近设置防挤沟或隔振沟。

第二节　灌注桩施工

一、泥浆护壁成孔灌注桩

（一）主要机具设备

泥浆护壁成孔灌注桩的主要机具有：成孔钻机（包括回转钻机、潜水钻机、冲击钻等，其中以回转钻机应用最多），翻斗车或手推车，混凝土导管，套管，水泵，水箱，泥浆池，混凝土搅拌机，平、尖头铁锹，胶皮管等。

回转钻机是由动力装置带动有钻头的钻杆转动，由钻头切削土壤，切削形成的土渣，通过泥浆循环排出桩孔。根据泥浆循环方式的不同，分为正循环回转钻机和反循环回转钻机。

正循环回转钻机成孔时泥浆由钻杆内部注入，从钻杆底部喷出，携带钻下的土渣沿孔壁向上经孔口带出并流入沉淀池，沉淀后的泥浆流入泥浆池再注入钻杆，如此进行循环。

反循环回转钻机成孔时泥浆由钻杆与孔壁间的间隙流入钻孔，由砂石泵在钻杆内形成真空，使钻下的土渣由钻杆内腔吸出至地面而流向沉淀池，沉淀后再流入泥浆池。反循环工艺泥浆上流的速度较高，排放土渣的能力强。

（二）施工工艺流程

（1）钻孔机就位。钻孔机就位时，必须保持平稳，不发生倾斜、位移，为准确控制钻孔深度，应在机架上或机管上做出控制的标尺，以便在施工中进行观测、记录。

（2）钻孔及注泥浆。调直机架挺杆，对好桩位（用对位圈），开动机器钻进，出土，达到一定深度（视土质和地下水情况）停钻，孔内注入事先调制好的泥浆，然后继续进钻，同时挖好水源坑、排泥槽、泥浆池等。孔内注入泥浆有保护孔壁、防止塌孔、排出土渣及冷却与润滑钻头的作用。钻进时，护壁泥浆与钻孔的土屑混合，边钻边排出携带土屑的泥浆；当钻孔达到规定深度后，运用泥浆循环进行孔底清渣。

（3）护筒埋设。钻孔深度到 5m 左右时，提钻埋设护筒；护筒内径应大于钻头 100mm；护筒位置应埋设正确且稳定，护筒与孔壁之间应用黏土填实，护筒中心与桩孔中心线偏差不大于 50mm；护筒埋设深度在黏性土中不宜小于 1m，在砂土中不宜小于 1.5m，并应保持孔内泥浆面高出地下水位 1m 以上。

（4）继续钻孔。防止表层土受振动坍塌，钻孔时不要让泥浆水位下降，当钻至持力层后，若设计无特殊要求，可继续钻深 1m 左右，作为插入深度。施工中应经常测定泥浆的相对密度。

（5）孔底清理及排渣。在黏土和粉质黏土中成孔时，可注入清水，以原土造浆护壁，排渣泥浆的相对密度应控制在 1.1~1.2。在砂土和较厚的夹砂层中成孔时，泥浆相对密度应控制在 1.1~1.3；在穿过砂夹卵石层或容易坍孔的土层中成孔时，泥浆的相对密度应控制在 1.3~1.5。

（6）吊放钢筋笼。吊放钢筋笼前应绑好砂浆垫块；吊放时要对准孔位，吊直扶稳，缓慢下沉，钢筋笼放到设计位置时，应立即固定，防止钢筋笼下沉或上浮。

（7）射水清底。在钢筋笼内插入混凝土导管（管内有射水装置），通过软管与高压泵连接，开动泵水即射出，射水后孔底的沉渣即悬浮于泥浆之中。

（8）浇筑混凝土。停止射水后，应立即浇筑混凝土，随着混凝土不断增高，孔内沉渣将浮在混凝土上面，并同泥浆一同排回贮浆槽内。水下浇筑混凝土应连续施工，导管底端应始终埋入混凝土中 0.8~1.3m，导管的第一节底管长度应不小于 4m。

（9）拔出导管。混凝土浇筑到桩顶时，应及时拔出导管，但混凝土的上顶标高一定要符合设计要求。

（三）施工过程中常见质量问题及处理措施

（1）掉落钻物。由于钻杆接头滑丝，钻头和钻杆容易掉入孔中，需要在钻进过程中及时检查，如果掉入后，应采用专用打捞器插入孔中，将钻头等提出孔外。

（2）钻孔漏浆。如开钻后发现孔内水头无法保持，其原因可能是护筒埋置深度不够，发生漏浆所致，可增加护筒长度和埋置深度。③钻孔偏斜。钻进过程中钻杆不垂直、土层软硬不均或碰到孤石都会引起钻孔偏斜。钻孔偏斜的预防措施是钻机安装时对导架进行水平和垂直校正，发现钻杆弯曲时应及时更换，遇软硬土层应低速钻进；出现钻杆偏斜时可提起钻头，上下反复扫钻几次。如纠正无效，应于孔中局部回填黏土至偏孔处 0.5m 以上，稳定后再重新钻进。

（4）混凝土堵管。原因主要有两种：第一种是导管底部被泥沙等物堵塞；第二种是混凝土离析时粗集料过于集中而堵塞。第一种情况多发生于第一罐混凝土浇筑时，由于导管距离孔底距离不够，安装钢筋及导管时间过长，孔内淤积加深，此时的处理办法是用吊车将料斗连同导管一起吊起，待混凝土管畅通后放置回原位，第二种情况多发生于混凝土浇筑过程中，处理办法是将导管吊起，快速向井底冲击（注意不能破坏导管的密封性），注意切不可将导管提出混凝土面以外。堵管的预防和处理方法为：混凝土中加入适量缓凝剂；导管埋置深度控制在 2~6m；遇故障时适当活动导管及时起吊、冲击。

（5）钢筋上浮。在混凝土浇筑过程中，混凝土浇筑速度过快，钢筋骨架受到混凝土下注时的位能而产生冲击力，混凝土从导管流出来向上升起，其向下冲击力转变为向上顶托力，使钢筋笼上浮，顶托力大小与混凝土浇筑时的位能、速度、流动性、导管底口标高、首批的混凝土表面标高及钢筋骨架标高有关。钢筋上浮的预防措施：混凝土底面接近钢筋骨架时，放慢混凝土浇筑速度；混凝土底面接近钢筋骨架，导管保持较大埋深，导管底口与钢筋骨架底端保持较大距离；混凝土表面进入钢筋骨架一定深度后，提升导管使导管口高于钢筋骨架底端一定距离。

（6）断桩。断桩产生的原因有多种，如导管口拔出混凝土面时，混凝土因坍落度过小在导管内不下落等。

出现问题时，将导管从孔内拔出，看导管内是否堵有混凝土，然后量出导管下口直径尺寸，并以此尺寸用气割割一块厚度为 3~5mm 的圆形钢板，堵在导管下口，钢板外圈的毛刺磨光，然后用 2~3 层塑料薄膜包裹钢板和导管下口，再用电工胶布把塑料薄膜缠在导管外壁上，使导管的下部成为一个密封的整体，这样可以用常规的下导管的方法，重新下导管，待导管下口接触到混凝土面时，由于导管自重较轻，再加上浮力，导管口进入混凝土内部的深度不大，此时可用吊车臂向下轻压导管，直至将导管埋置于原混凝土下 2~3m 处。接下来可按正常浇筑方法继续浇筑。

二、干作业成孔灌注桩

（一）主要机具设备

干作业成孔灌注桩常用螺旋钻机如图 4-2 所示或机动洛阳铲成孔。成孔深度为 8~20m、成孔直径为 300~600mm，成孔原理是电动机带动钻杆转动，使螺旋叶片旋转削土，土随螺旋叶片上升排出孔外。

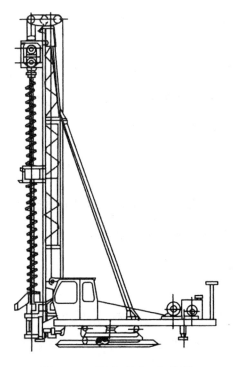

图 4-2　螺旋钻机示意图

（二）施工工艺流程

干作业成孔灌注桩施工工艺流程如图 4-3 所示。

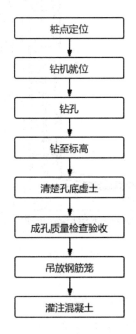

图 4-3　干作业成孔灌注桩施工工艺流程

孔底清理方法为：钻至设计深度后进行孔底清理，方法是只钻不进、空转清土、提钻卸土。

桩身或桩底扩孔方法为：可在钻杆上换装扩孔刀片，扩底直径为桩身直径的 2.5~3.5 倍，在设计要求位置形成葫芦桩或扩底桩。孔底虚土厚度要求摩擦力为主的桩不大于 300mm，端承力为主的桩不大于 100mm。

三、沉管灌注桩

沉管灌注桩是利用锤击打桩法或振动沉管法将带有钢筋混凝土桩靴（或活瓣式桩尖）的钢桩管沉入土中，然后边拔管边灌注混凝土而成。

（一）主要机具设备

主要机具设备包括振动或锤击装置、桩架、卷扬机、加压装置、桩管、桩尖或钢筋混凝土预制桩靴等。锤击沉管和振动沉管灌注桩机械设备示意图如图 4-4，图 4-5 所示。

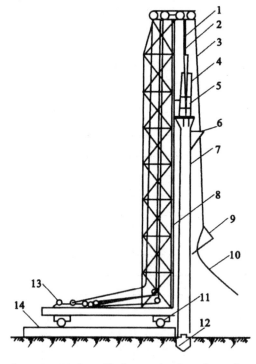

图 4-4　锤击沉管灌注桩机械设备示意图

1—桩锤钢丝绳；2—桩管滑轮组；3—吊斗钢丝绳；4—桩锤；

5—桩帽；6—混凝土漏斗；7—桩管；8—桩架；9—混凝土吊斗；

10—回绳；11—行驶用钢管；12—预制桩尖；13—卷扬机；14—枕木

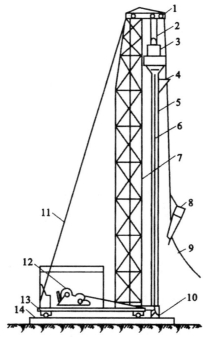

图 4-5　振动沉管灌注桩机械设备示意图

1—导向滑轮；2—滑轮组；3—激振器；4—混凝土漏斗；5—桩管；

6—加压钢丝绳；7—桩架；8—混凝土吊斗；9—回绳；10—活瓣桩尖；

11—缆风绳；12—卷扬机；13—行驶用钢管；l4—枕木

（二）施工工艺

为了提高桩的质量和承载能力，沉管灌注桩常采用单打法、复打法、反插法等施工工艺。沉管灌注桩施工过程如图 4-6 所示。

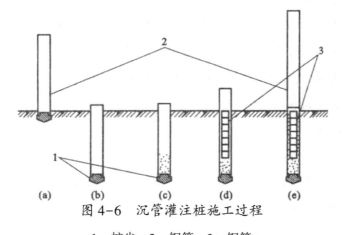

图 4-6　沉管灌注桩施工过程

1—桩尖；2—钢管；3—钢筋

（a）就位；（b）沉钢管；（c）开始灌注混凝土；

（d）下钢筋骨架继续浇筑混凝土；（e）拔管成型

1. 锤击灌注桩施工

套管内混凝土应灌满，然后开始拔管。拔管要均匀，第一次拔管高度控制在能容纳第二次所需的混凝土灌注量为限，拔管时应保持连续密锤低击，并控制拔管速度，一般土层应小于或等于 1m/min，软弱土层及软硬土层交界处应小于或等于 0.8m/min。当桩的中心距小于或等于 5D（D 为桩径）或中心距小于或等于 2m 时应跳打；中间空出的桩须待临近桩混凝土达到设计强度的 50% 后，方可施打。

2. 振动灌注桩施工

采用激振器或振动冲击捶沉管，施工时，先安装好桩机，将桩管下活瓣合起，对准桩位，徐徐放下套管，压入土中，保持垂直，即可开动激振器沉管。沉管时须严格控制最后两分钟的灌入度。

采用振动沉管灌注桩的反插法施工时，在套管内灌满混凝土后，振动开始再拔管，每次拔管高度 0.5~1.0m，向下反插 0.3~0.5m。如此反复进行并始终保持振动，直至套管全部拔出。反插法能增大桩的截面，提高桩身质量和承载力，宜在软土地基上应用。振动灌注桩的复打与锤击灌注桩相同。

（三）施工过程中常见质量问题及处理措施

沉管灌注桩施工过程中常见质量问题主要有断桩，缩颈，吊脚桩，桩靴进水、进泥等。

1. 断桩

产生断桩的原因为：桩距过小，邻桩施打时土的挤压所产生的水平推力和隆起上拔力的影响；软硬土层间的传递水平不同，对桩产生剪应力；桩身混凝土终凝不久，强度低。

避免断桩的措施为：桩的中心距宜大于 3.5 倍桩径；减少打桩顺序及桩架行走路线对新打桩的影响；采用跳打法或控制时间法以减少对邻桩的影响。

断桩的处理方法为：断桩一经发现，应将断桩拔出，将孔清理干净后，略增大面积或加上铁箍连接，再重新灌注混凝土补做桩身。

2. 缩颈（瓶颈桩）

部分桩径缩小，截面积不符合要求。

产生缩颈的原因为：在含水量大的黏土中沉管时，土体受强烈扰动和挤压，产生很高的孔隙水压力，桩管拔出后，这种压力便作用到新灌筑的混凝土桩上，使桩身发生颈缩现象；拔管过快，混凝土量少，或和易性差，使混凝土出管时扩散差。

避免缩颈桩的措施为：施工中应经常测定混凝土下情落况，发现问题及时纠正，一般可用复打法处理。

3. 吊脚桩

吊脚桩即桩底部混凝土隔空，或混凝土中混进泥沙而形成松软层。

产生吊脚桩的原因：桩靴强度不够，沉管时被破坏变形，水或泥沙进入桩管，或活瓣未及时打开。

避免吊脚桩的措施为：拔出桩管，纠正桩靴或将砂回填桩孔后重新沉管。

4. 桩靴进水、进泥

产生桩靴进水、进泥的原因为：桩靴活瓣闭合不严、预制桩靴被打破或活瓣变形，常发生在地下水位高、饱和淤泥或粉砂土层中。

避免桩靴进水、进泥的措施为：拔出桩管，清除泥沙，整修桩靴活瓣，用砂回填桩孔后重打。地下水位高时，可待桩管沉至地下水位时，先灌入 0.5m 厚的水泥砂浆作封底，再灌 1m 高混凝土增压，然后再继续沉管。

四、人工挖孔桩

大直径灌注桩是采用人工挖掘方法成孔，放置钢筋笼，浇筑混凝土而成的桩基础，也称墩基础。它由承台、桩身和扩大头组成（如图 4-7 所示），穿过深厚的软弱土层而直接坐落在坚硬的岩石层上。

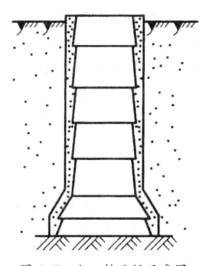

图 4-7　人工挖孔桩示意图

其优点是桩身直径大，承载能力高；施工时可在孔内直接检查成孔质量，观察地质土质变化情况；桩孔深度由地基土层实际情况控制，桩底清孔除渣彻底、干净，易保证混凝土浇筑质量。

（一）施工工艺

人工挖孔桩的护壁常采用现浇混凝土护壁，也可采用钢护筒或采用沉井护壁等。

1. 放线定桩位及高程

在场地三通一平的基础上，依据建筑物测量控制网的资料和基础平面布置图，测定桩位轴线方格控制网和高程基准点。确定好桩位中心，以中点为圆心，以桩身半径加护壁厚度为半径画出上部（即第一步）的圆周，撒石灰线作为桩孔开挖尺寸线。桩位线定好之后，必须经有关部门进行复查，办好预检手续后开挖。

2. 开挖第一节桩孔土方

开挖桩孔应从上到下逐层进行，先挖中间部分的土方，然后扩及周边，有效地控制开挖桩孔的截面尺寸。每节的高度应根据土质好坏、操作条件而定，一般在 0.9~1.2m 为宜。

3. 支护壁模板放附加钢筋

为防止桩孔壁坍方，确保安全施工，成孔应设置井圈，其种类有素混凝土和钢筋混凝土两种，以现浇钢筋混凝土井圈为宜。其与土壁能紧密结合，稳定性和整体性能均佳，且受力均匀，可以优先选用。当桩孔直径不大，深度较浅而土质又好，地下水位较低的情况下，也可以采用喷射混凝土护壁。护壁的厚度应根据井圈材料、性能、刚度、稳定性、操作方便、构造简单等要求，并按受力状况，以最下面一节所承受的土侧压力和地下水侧压力，通过计算来确定。护壁模板采用拆上节、支下节重复周转使用。模板之间用卡具、扣件连接固定，也可以在每节模板的上下端各设一道圆弧形的、用槽钢或角钢做成的内钢圈作为内侧支撑，防止内模受胀力而变形。通常不设水平支撑，以方便操作。第一节护壁以高出地坪 150~200mm 为宜，便于挡土、挡水。桩位轴线和高程均应标定在第一节护壁上口，护壁厚度一般取 100~150mm。

4. 浇筑第一节护壁混凝土

桩孔护壁混凝土每挖完一节以后应立即浇筑混凝土。人工浇筑，人工捣实，混凝土强度一般为 C20. 坍落度控制在 100mm，确保孔壁的稳定性。

5. 检查桩位（中心）轴线及标高

每节桩孔护壁做好以后，必须将桩位十字轴线和标高测设在护壁的上口，然后用十字线对中，吊线坠向井底投设，以半径尺杆检查孔壁的垂直平整度。随之进行修整，井深必须以基准点为依据，逐根进行引测。保证桩孔轴线位置、标高、截面尺寸满足设计要求。

6. 架设垂直运输架

第一节桩孔成孔以后，即着手在桩孔上口架设垂直运输支架。支架有木塔、钢管吊架、木吊架或工字钢导轨支架几种形式；支架要求搭设稳定、牢固。

7. 安装电动葫芦或卷扬机

在垂直运输架上安装滑轮组和电动葫芦或穿卷扬机的钢丝绳，选择适当位置安装卷扬机。如果是试桩和小型桩孔，也可以用木吊架、木辘轳或人工直接借助粗麻绳作提升工具。地面运土用手推车或翻斗车。

8. 安装吊桶、照明、活动盖板、水泵和通风机

（1）在安装滑轮组及吊桶时，注意使吊桶与桩孔中心位置重合，作为挖土时直观上控制桩位中心和护壁支模的中心线。

（2）井底照明必须用低压电源（36V、100W）、防水带罩的安全灯具。桩口上设围护栏。

（3）桩孔口安装水平推移的活动安全盖板，当桩孔内有人挖土时，应掩好安全盖板，防止杂物掉下砸人，无关人员不得靠近桩孔口边。吊运土时，再打开安全盖板。

（4）当地下水量不大时，随挖随将泥水用吊桶运出。地下水渗水量较大且吊桶已满足不了排水时，可先在桩孔底挖集水坑，用高程水泵沉入抽水，边降水边挖土，水泵的规格按抽水量确定。应日夜三班抽水，使水位保持稳定。地下水位较高时，应先采用统一降水的措施，再进行开挖。

（5）当桩孔深大于20m时，应向井下通风，加强空气对流。必要时输送氧气，防止有毒气体的危害。操作时上下人员轮换作业，桩孔上人员密切注视观察桩孔下人员的情况，互相呼应，切实预防安全事故的发生。

9. 开挖吊运第二节桩孔土方（修边）

从第二节开始，利用提升设备运土，桩孔内人员应戴好安全帽，地面人员应拴好安全带。吊桶离开孔口上方1.5m时，推动活动安全盖板，掩蔽孔口，防止卸土的土块、石块等杂物坠落孔内伤人。吊桶在小推车内卸土后，再打开活动盖板，下放吊桶装土。桩孔挖至规定的深度后，用支杆检查桩孔的直径及井壁圆弧度，修整孔壁，上下应垂直平顺。

10. 先拆除第一节支第二节护壁模板，放附加钢筋

护壁模板采用拆上节支下节依次周转使用。如往下孔径缩小，应配备小块模板进行调整。模板上口留出高度为100mm的混凝土浇筑口，接口处应捣固密实。拆模后用混凝土或砌砖堵严，水泥砂浆抹平，拆模强度应达到1mPa。

11. 浇筑第二节护壁混凝土

混凝土用串桶送来，人工浇筑，人工振捣密实。混凝土可由试验室确定是否掺入早强剂，以加速混凝土的硬化。

12. 检查桩位（中心）轴线及标高

以桩孔口的定位线为依据，逐节校测。逐层往下循环作业，将桩孔挖至设计深度，清

除虚土，检查土质情况，桩底应支承在设计所规定的持力层上。

13. 开挖扩底部分

桩底可分为扩底和不扩底两种情况。挖扩底桩应先将扩底部位桩身的圆桩体挖好，再按扩底部位的尺寸、形状自上而下削土扩充成设计图纸的要求；如设计无明确要求，扩底直径一般为 1.5~3.0D（D 为桩径）。扩底部位的变径尺寸为 1∶4。

14. 检查验收

成孔以后必须对桩身直径、扩头尺寸、孔底标高、桩位中线、井壁垂直、虚土厚度进行全面测定。做好施工记录，办理隐蔽验收手续。

15. 吊放钢筋笼

钢筋笼放入前应先绑好砂浆垫块，按设计要求一般为 70mm；吊放钢筋笼时，要对准孔位，直吊扶稳、缓慢下沉，避免碰撞孔壁。钢筋笼放到设计位置时，应立即固定。遇有两段钢筋笼连接时，应采用焊接（搭接焊或帮条焊），宜双面焊接，接头数按 50% 错开，以确保钢筋位置正确，保护层厚度符合要求。

16. 浇筑桩身混凝土

桩身混凝土可使用粒径不大于 50mm 的石子，坍落度为 80~100mm，机械搅拌。用溜槽加串筒向桩孔内浇筑混凝土。混凝土的落差大于 2m，桩孔深度超过 12m 时，宜采用混凝土导管浇筑。浇筑混凝土时应连续进行，分层振捣密实。一般第一步宜浇筑到扩底部位的顶面，然后浇筑上部混凝土。分层高度以捣固的工具而定，但不宜大于 1.5m。混凝土浇筑到桩顶时，应适当超过桩顶设计标高，以保证在剔除浮浆后，桩顶标高符合设计要求。桩顶上的钢筋插铁一定要保持设计尺寸，垂直插入，并有足够的保护层。

17. 冬、雨期施工

冬期当温度低于 0℃ 时浇筑混凝土，应采取加热保温措施。浇筑的入模温度应由冬期施工方案确定，在桩顶未达到设计强度 50% 以前不得受冻。当夏季气温高于 30℃ 时，应根据具体情况对混凝土采取缓凝措施。雨天不能进行人工挖桩孔的工作，且现场必须有排水的措施，严防地面雨水流入桩孔内，致使桩孔塌方。

（二）施工注意事项

（1）桩孔开挖，当桩净距小于 2 倍桩径且小于 2.5m 时，应采用间隔开挖。排桩跳挖的最小施工净距不得小于 4.5m，孔深不宜大于 40m。

（2）每段挖土后必须吊线检查中心线位置是否正确，桩孔中心线平面位置偏差不宜超过 50mm，桩的垂直度偏差不得超过 1%，桩径不得小于设计直径。

（3）防止土壁坍塌及流砂。挖土如遇到松散或流沙土层时，可减少每段开挖深度

（取 0.3~0.5m）或采用钢护筒、预制混凝土沉井等作护壁，待穿过此土层后再按一般方法施工。流沙现象严重时，应采用井点降水处理。

（4）浇筑桩身混凝土时，应注意清孔及防止积水，桩身混凝土应一次连续浇筑完毕，不留施工缝。为防止混凝土离析，宜采用串筒来浇筑混凝土，如果地下水穿过护壁流入且流量较大无法抽干时，则应采用导管法浇筑水下混凝土。

（5）必须制订好安全措施。

①施工人员进入孔内必须戴安全帽，孔内有人作业时，孔上必须有人监督防护。

②孔内必须设置应急软爬梯供施工人员上下井；使用的电动葫芦、吊笼等应安全可靠并配有自动卡紧保险装置；不得用麻绳和尼龙绳吊挂或脚踏井壁凸缘上下；电动葫芦使用前必须检验其安全起吊能力。

③每日开工前必须检测井下是否存在有毒有害气体，并有足够的安全防护措施。桩孔开挖深度超过 10m 时，应有专门向井下送风的设备，风量不宜少于 25 L/s。

④护壁应高出地面 200~300mm，以防杂物滚入孔内；孔周围要设 0.8m 高的护栏。

⑤孔内照明要用 12 V 以下的安全灯或安全矿灯，使用的电器必须有严格的接地、接零和漏电保护器（如潜水泵等）。

第三节　砌筑工程

一、砌筑砂浆及砖砌体施工

（一）砌筑砂浆

砂浆是砌体工程中不可或缺的材料。砂浆在砌体内的作用，主要是填充块体之间的空隙，并将其粘结成整体，使上层砌体的荷载能均匀地传到下面。

砌筑砂浆按材料组成不同，可分为水泥砂浆（水泥、砂、水）、混合砂浆（水泥、砂、石灰膏、水）、石灰砂浆（石灰膏、砂、水）、石灰黏土砂浆（石灰膏、黏土、砂、水）、黏土砂浆（黏土、水）。

石灰砂浆、石灰黏土砂浆、黏土砂浆强度较低，只用于临时设施的砌筑。建筑工程常用砌筑砂浆为水泥砂浆、混合砂浆。其中，水泥砂浆可用于潮湿环境中的砌体，混合砂浆宜用于干燥环境中的砌体。

1. 砂浆对原材料的要求

（1）水泥：水泥品种及强度等级应根据设计要求、砌体的部位和所处环境来选择。水泥砂浆和混合砂浆采用的水泥，其强度等级不宜大于42.5级。

水泥进场使用前，应分批对其强度等级、安定性进行复验。检验批次应以同一生产厂家、同一编号为一批次。当在使用中对水泥质量有怀疑或水泥出厂超过3个月（快硬硅酸盐水泥超过1个月）时，应复查试验，并按其结果使用。不同品种的水泥，不得混合使用。

（2）砂：砂宜用中砂，并应过筛，其中毛石砌体宜用粗砂。砂中不应含有有害杂物。砂的含泥量：对水泥砂浆和强度等级不小于M5的混合砂浆不应超过5%；强度等级小于M5的混合砂浆不应超过10%。人工砂、山砂及特细砂，应经试配，要求满足砌筑砂浆技术条件。

（3）水：拌制砂浆用水的水质应符合国家现行标准《混凝土用水标准》的规定，宜用饮用水。

（4）石灰膏：生石灰熟化成石灰膏时，应用孔径不大于3 mm的网过滤，熟化时间不得少于7 d；磨细生石灰粉的熟化时间不得少于2d。沉淀池中储存的石灰膏，应采取防止干燥、冻结和污染的措施。配制水泥石灰砂浆时，不得采用脱水硬化的石灰膏。消石灰粉不得直接用于砌筑砂浆。

（5）外加剂：凡在砂浆中掺入有机塑化剂、早强剂、缓凝剂、防冻剂等，应经检验和试配符合要求后，方可使用。有机塑化剂应有砌体强度的形式检验报告。

2. 砂浆的技术要求

（1）流动性（稠度）：砂浆的流动性是指砂浆拌合物在使用过程中是否易于流动的性能。砂浆的流动性是以稠度表示的，即以标准圆锥体在砂浆中沉入的深度来表示。沉入值越大，砂浆的稠度就越大，表明砂浆的流动性越大。一般来说，对于干燥及吸水性强的砌体，砂浆稠度应采用较大值；对于潮湿、密实、吸水性差的砌体宜采用较小值。

（2）保水性：砂浆的保水性是指砂浆拌合物保存水分不致因泌水而分层离析的性能。砂浆的保水性是以分层度来表示的，其分层度不宜大于20 mm。保水性差的砂浆，在运输过程中，容易产生泌水和离析现象，从而降低其流动性，影响砌筑。

（3）强度等级：砂浆的强度等级是用边长70.7 mm的立方体试块，在20℃±5℃及正常湿度条件下，置于室内不通风处养护28 d的平均抗压极限强度确定的，其强度等级有M20、M15、M10、M7.5、M5、M2.5。

3. 砂浆的制备与使用

砌筑砂浆应通过试配确定配合比，配料要准确。

砌筑砂浆应采用砂浆搅拌机进行拌制。自投料完算起，搅拌时间应符合下列规定：水泥砂浆和混合砂浆不得少于 2 min；掺用外加剂的砂浆不得少于 3 min；掺用有机塑化剂的砂浆，应为 3~5 min。

掺用外加剂时，应先将外加剂按规定浓度溶于水中，在拌合水时投入外加剂溶液，外加剂不得直接投入拌制的砂浆中。

砂浆应随拌随用，水泥砂浆和水泥混合砂浆应分别在 3 h 和 4 h 内使用完毕；当施工期间最高气温超过 30℃时，应分别在拌成后 2h 和 3h 内使用完毕。对掺用缓凝剂的砂浆，其使用时间可根据具体情况延长。

（二）砖砌体施工

1. 砖材料

（1）烧结普通砖。烧结普通砖是指以黏土、页岩、煤矸石、粉煤灰等为主要原料，经成型、焙烧而成的实心或孔洞率不大于 15%的砖。烧结普通砖按所用原材料不同，可分为黏土砖（N）、页岩砖（Y）、煤矸石砖（M）、粉煤灰砖（F）、建筑渣土砖（Z）、淤泥砖（U）、污泥砖（W）、固体废弃物砖（G）等；按生产工艺不同，可分为烧结砖和非烧结砖；按有无空洞，可分为空心砖和实心砖。烧结普通砖按抗压强度划分，可分为 MU30、MU25、MU20、MU15 和 MU10 五个强度等级。

（2）烧结多孔砖。烧结多孔砖即竖孔空心砖，是以黏土、页岩、煤矸石为主要原料，经焙烧而成的主要用于承重部位的多孔砖，其孔洞率在 20%左右。烧结多孔砖按主要原料划分，可分为黏土砖（N）、页岩砖（Y）、煤矸石砖（M）、粉煤灰砖（F）、淤泥砖（U）、固体废弃物砖（G）。烧结多孔砖按抗压强度划分，可分为 MU30、MU25、MU20、MU15 和 MU10 五个强度等级。

（3）烧结空心砖。烧结空心砖是以黏土、页岩、粉煤灰、煤矸石等为主要原料，经焙烧而成的孔洞率大于或等于 35%的砖。其自重较轻、强度低，主要用于非承重墙和填充墙体。孔洞多为矩形孔或其他孔形，数量少而尺寸大，孔洞平行于受压面。烧结空心砖根据抗压强度划分，可分为 MU10.0、MU7.5、MU5.0 和 MU3.5 四个强度等级。

（4）蒸压蒸养砖。蒸压蒸养砖（又称硅酸盐砖）是以硅质材料和石灰为主要原料，必要时加入集料和适量石膏，经压制成型，湿热处理制成的建筑用砖。根据所用硅质材料不同，蒸压蒸养砖可分为蒸压灰砂砖、蒸压粉煤灰砖、炉渣砖等。

①蒸压灰砂砖。蒸压灰砂砖是以石灰和砂为主要原料，经坯料制备、压制成型、蒸压养护而成的实心砖。根据抗压强度及抗折强度，蒸压灰砂砖的强度等级分为 MU25、MU20、MU15 和 MU10 四个等级。

②蒸压粉煤灰砖。蒸压粉煤灰砖是以粉煤灰和石灰为主要原料，配以适量的石膏和炉

渣，加水拌和后压制成型，经常压或高压蒸汽养护而制成的实心砖。根据抗压强度及抗折强度，蒸压粉煤灰砖的强度等级可分为 MU30、MU25、MU20、MU15 和 MU10 五个等级。

．　③炉渣砖。炉渣砖是以煤燃烧后的残渣为主要原料，配以一定数量的石灰和少量石膏，经加水搅拌混合、压制成型、蒸养或蒸压养护而制成的实心砖。根据抗压强度，炉渣砖可分为 MU25、MU20 和 MU15 三个强度等级。

2. 砖墙的砌筑形式

普通砖墙的砌筑形式有全顺、两平一侧、全丁、一顺一丁、梅花丁或三顺一丁的砌筑形式。

（1）全顺。各皮砖均顺砌，上、下皮垂直灰缝相互错开半砖长（120 mm），适合砌半砖厚（115 mm）墙。

（2）两平一侧。两皮顺砖与一皮侧砖相间，上、下皮垂直灰缝相互错开 1/4 砖长（60 mm）以上，适合砌 3/4 砖厚（178 mm）墙。

（3）全丁。各皮砖均丁砌，上、下皮垂直灰缝相互错开 1/4 砖长，适合砌一砖厚（240 mm）墙。

（4）一顺一丁。一皮顺砖与一皮丁砖相间，上、下皮垂直灰缝相互错开 1/4 砖长，适合砌一砖及一砖以上厚墙。

（5）梅花丁。同皮中顺砖与丁砖相间，丁砖的上、下均为顺砖，并位于顺砖中间，上、下皮垂直灰缝相互错开 1/4 砖长，适合砌一砖厚墙。

（6）三顺一丁。三皮顺砖与一皮丁砖相间，顺砖与顺砖上、下皮垂直灰缝相互错开 1/2 砖长；顺砖与丁砖上、下皮垂直灰缝相互错开 1/4 砖长。其适合砌一砖及一砖以上厚墙。

3. 砌筑准备与砌筑工艺

砌筑砖砌体时，砖应提前 1~2d 浇筑湿润，以免砖过多吸收砂浆中的水分而影响其粘结力，同时可除去砖面上的粉末。烧结多孔砖的含水率应控制在 10%~15%；灰砂砖、煤渣砖的含水率应控制在 5%~8%。

砖砌体的施工过程通常有抄平、放线、摆砖、立皮数杆、盘角、挂线、砌筑墙身、勾缝等工序。

（1）抄平。砌砖墙前，先在基础面或楼面上按标准水准点定出各层标高，并用水泥砂浆或 C10 细石混凝土找平。

（2）放线。依据施工现场龙门板上的轴线定位钉拉通线，并沿通线挂线坠，将墙轴线引测到基础面上，再以轴线为标准弹出墙边线，并定出门窗洞口的平面位置。

（3）摆砖。摆砖是指在放线的基面上按选定的组砌方式用干砖试摆，摆砖时由一个大角摆到另一个大角，砖与砖留 10 mm 缝隙，目的是校对所放出的墨线在门窗洞口、附墙垛等处是否符合砖的模数，以尽可能减少砍砖，并使砌体灰缝均匀，组砌得当。山墙、檐墙一般采用"山丁檐跑"，即在房屋外纵墙（檐墙）方向摆顺砖，在外横墙（山墙）方向摆丁砖。

（4）立皮数杆。皮数杆是指在其上画有每皮砖厚、灰缝厚以及门窗洞口的下口、窗台、过梁、圈梁、楼板、大梁、预埋件等标高位置的一种木制标杆，它是在砌墙过程中控制砌体竖向尺寸和各种构配件设置标高的主要依据。

皮数杆一般设置在墙体操作面的另一侧，立于建筑物的四个大角处、内外墙交接处、楼梯间及洞口较多的地方，并从两个方向设置斜撑或用锚钉加以固定，以确保垂直和牢固。皮数杆的间距为 10~15 m，间距超过时中间应增设皮数杆。支设皮数杆时，要统一进行找平，使皮数杆上的各种构件标高与设计要求一致。每次开始砌砖前，均应检查皮数杆的垂直度和牢固性，以防有误。

（5）盘角。盘角又称立头角，是指墙体正式砌砖前，在墙体的转角处由高级瓦工先砌起，并始终高于周围墙面 4~6 皮砖，作为整片墙体控制垂直度和标高的依据。盘角的质量直接影响墙体施工质量，因此必须严格按皮数杆标高控制墙面高度和灰缝厚度，做到墙角方正、墙面顺直、方位准确、每皮砖的顶面近似水平，并要"三皮一靠，五皮一吊"，确保盘角质量。

（6）挂线。挂线是指以盘角的墙体为依据，在两个盘角中间的墙外侧挂通线。挂线应用尼龙线或棉线绳拴砖，拉紧，使线绳水平、无下垂。墙身过长时，除在中间除设置皮数杆外，还应砌一块"腰线砖"或再加一个细铁丝揽线棍，用以固定挂通的准线，使之不下垂和内外移动。盘角处的通线是靠墙角的灰缝卡挂的，为避免通线陷入水平灰缝，应采用不超过 1 mm 厚的小别棍（用小竹片或包装用薄钢板片）别在盘角处墙面与通线之间。

（7）砌筑墙身。铺灰砌砖的操作方法很多，常用的方法有"三一"砌筑法和铺浆法。"三一"砌筑法，即一铲灰、一块砖、一挤揉，并随手将挤出的砂浆刮去的砌筑方法。该方法易使灰缝饱满、粘结力好、墙面整洁，故宜用此方法砌砖，尤其是对抗震设防的工程。当采用铺浆法砌筑时，铺浆长度不得超过 750 mm；当气温超过 30℃ 时，铺浆长度不得超过 500 mm。

（8）勾缝。勾缝具有保护墙面并增加墙面美观的作用，是砌清水墙的最后一道工序。清水墙砌筑应随砌随勾缝，一般深度以 6~8 mm 为宜，缝深浅应一致，并应清扫干净。勾缝宜用 1：1.5 的水泥砂浆，应用细砂，也可用原浆勾缝。

4. 砖筑的基本规定和质量要求

（1）砖筑的基本规定

①用于清水墙、柱表面的砖，应边角整齐，色泽均匀。

②有冻胀环境和条件的地区，地面以下或防潮层以下的砌体，不宜采用多孔砖。

③砌筑砖砌体时，砖应提前 1~2d 浇水湿润。

④采用铺浆法砌筑时，铺浆长度不得超过 750 mm；施工期间若气温超过 30℃，铺浆长度不得超过 500 mm。

⑤240 mm 厚承重墙的每层墙的最上一皮砖，砖砌体的台阶水平面上及挑出层，应整砖丁砌。

⑥砖过梁底部的模板，在灰缝砂浆强度不低于设计强度的 50%时方可拆除。

⑦多孔砖的孔洞应垂直于受压面砌筑。

⑧施工时施砌的蒸压（养）砖的产品龄期不应小于 28 d。

⑨预留孔洞及预埋件留置应符合下列要求：

A. 设计要求的洞口、管道、沟槽，应在砌筑时按要求预留或预埋，未经设计同意，不得打凿墙体和在墙体上开凿水平沟槽。超过 300 mm 的洞口上部应设过梁。

B. 砌体中的预埋件应做防腐处理，预埋木砖的木纹应与钉子垂直。

C. 在墙上留置临时施工洞口，其侧边离高楼处墙面不应小于 500 mm，洞口净宽度不应超过 1 m，洞顶部应设置过梁。抗震设防烈度为 9 度的地区，建筑物的临时施工洞口位置应会同设计单位确定。临时施工洞口应做好补砌。

D. 预留外窗洞口位置应上、下挂线，保持上、下楼层洞口位置垂直；洞口尺寸应准确。

（2）砖筑的质量要求

砌筑质量应符合《砌体结构工程施工质量验收规范》的要求，做到"横平竖直、砂浆饱满、组砌得当、接槎可靠"。

①横平竖直。砖砌体主要承受垂直力，为使砖砌筑时横平竖直、均匀受压，要求砌体的水平灰缝应平直、竖向灰缝应垂直对齐，不得游丁走缝。

②砂浆饱满。砂浆层的厚度和饱满度对砖砌体的抗压强度影响很大，这就要求砌体灰缝应符合下列要求：

A. 砖砌体的灰缝应横平竖直，厚薄均匀。水平灰缝厚度和竖向灰缝宽度宜为 10 mm，但不应小于 8mm，也不应大于 12 mm。砌筑方法宜采用"三一"砌砖法，即"一铲灰、一块砖、一揉挤"的操作方法。竖向灰缝宜采用挤浆法或加浆法，使其砂浆饱和，严禁用水冲浆灌缝。如采用铺浆法砌筑，铺浆长度不得超过 750 mm。施工期间气温超过 30℃时，铺浆长度不得超过 500 mm。水平灰缝的砂浆饱满度不得低于 80%；竖向灰缝不得出现透明缝、瞎缝和假缝。

B. 清水墙面不应有上、下二皮砖搭接长度小于 25 mm 的通缝，不得有三分头砖，不得在上部随意变活乱缝。

C. 空斗墙的水平灰缝厚度和竖向灰缝宽度一般为 10 mm，但不应小于 7 mm，也不应大于 13 mm。

D. 筒拱拱体灰缝应全部用砂浆填满，拱底灰缝宽度宜为 5~8 mm，筒拱的纵向缝应与拱的横断面垂直。筒拱的纵向两端不宜砌入墙内。

E. 为保持清水墙面立缝垂直一致，当砌至一步架子高时，应每隔 2 m 水平间距，在丁砖竖缝位置弹两道垂直线，以控制游丁走缝。

F. 清水墙勾缝应采用加浆勾缝，勾缝砂浆宜采用细砂拌制的 1：1.5 水泥砂浆。勾凹缝时深度为 4~5 mm，多雨地区或多孔砖可采用稍浅的凹缝或平缝。

G. 砖砌平拱过梁的灰缝应砌成楔形缝。灰缝宽度：在过梁底面不应小于 5mm；在过梁的顶面不应大于 15 mm。

H. 拱脚下面应伸入墙内不小于 20 mm，拱底应有 1%起拱。

I. 砌体的伸缩缝、沉降缝、防震缝中，不得夹有砂浆、碎砖和杂物等。

③组砌得当。为提高砌体的整体性、稳定性和承载力，砖块排列应遵守上、下错缝的原则，避免垂直通缝出现，错缝或打砌长度一般不小于 60 mm。为满足错缝要求，实心墙体组砌时，一般采用一顺一丁、三顺一丁和梅花丁的砌筑形式。

④接槎可靠。接槎是指墙体临时间断出的接合方式，一般有斜槎和直槎两种方式。砌体留槎及拉结筋应符合下列要求：

A. 砖砌体的转角处和交接处应同时砌筑，严禁无可靠措施的内外墙分砌施工。对不能同时砌筑而又必须留置的临时间断处，应砌成斜槎，斜槎水平投影长度不应小于高度的 2/3。

B. 非抗震设防及抗震设防烈度为 6 度、7 度地区的临时间断处，当不能留斜槎时，除转角处外，可留直槎，但直槎必须做成凸槎。留直槎处应加设拉结钢筋，拉结钢筋的数量为每 120 mm 墙厚放置 1φ6 拉结钢筋（120 mm 厚墙放置 2φ6 拉结钢筋），间距沿墙高不应超过 500 mm；埋入长度从留槎处算起，每边均不应小于 500 mm，对抗震设防烈度为 6 度、7 度的地区，不应小于 1000 mm；末端应有 90°弯钩。

C. 多层砌体结构中，后砌的非承重砌体隔墙，应沿墙高每隔 500 mm 配置 2φ6 的钢筋与承重墙或柱拉结，每边伸入墙内不应小于 500 mm。抗震设防烈度为 8 度和 9 度的地区，长度大于 5m 的后砌隔墙的墙顶，尚应与楼板或梁拉结。隔墙砌至梁板底时，应留一定空隙，间隔一周后再补砌挤紧。

二、石砌体及砌块砌体施工

(一) 石砌体施工

1. 石砌体材料

(1) 石砌体所用的石材应质地坚实，无风化剥落和裂纹。用于清水墙、柱表面的石材，还应色泽均匀。石材表面的泥垢、水锈等杂质，砌筑前应清除干净。砌筑用石有毛石和料石两类。

①毛石分为乱毛石和平毛石。乱毛石是指形状不规则的石块；平毛石是指形状不规则，但有两个平面大致平行的石块。毛石应呈块状，其中部厚度不应小于 200 mm。

②料石按其加工面的平整程度划分，可分为细料石、粗料石和毛料石三种。

(2) 砌体所用石材的强度等级包括 MU100、MU80、MU60、MU50、MU40、MU30、MU20 MU15 和 MU10。

2. 砌筑施工要求

(1) 毛石砌体施工要求

①毛石基础

毛石基础用乱毛石或平毛石与水泥混合砂浆或水泥砂浆砌成。

A. 砌第一皮毛石时，应选用有较大平面的石块，先在基坑底铺设砂浆，再将毛石砌上，并使毛石的大面向下。

B. 砌第一皮毛石时，应分皮卧砌，并应上、下错缝，内外搭砌，不得采用先砌外面石块后中间填心的砌筑方法。石块间较大的空隙应先填塞砂浆，后用碎石嵌实，不得采用先摆碎石后塞砂浆或干填碎石的方法。

C. 砌筑第二皮及以上各皮时，应采用坐浆法分层卧砌。砌石时首先铺好砂浆，砂浆不必铺满，可随砌随铺，在角石和面石处，坐浆略厚些，再砌上石块将砂浆挤压成要求的灰缝厚度。

D. 砌石时搬取石块应根据空隙大小、槎口形状选用合适的石料先试砌、试摆一下，尽量使缝隙减少、接触紧密。但石块之间不能直接接触形成干研缝，同时应避免石块之间形成空隙。

E. 砌石时，大、中、小毛石应搭配使用，以免将大块都砌在一侧，而另一侧全用小块，造成两侧不均匀，使墙面不平衡而产生倾斜。

F. 砌石时，先砌里外两面，长短搭砌，后填砌中间部分，但不允许将石块侧立砌成立斗石，也不允许先把里外皮砌成长向两行（牛槽状）。

G. 毛石基础每 0.7 m² 且每皮毛石内间距不大于 2 m 设置一块拉结石，上、下两皮拉结石的位置应错开，立面应砌成梅花形。拉结石宽度：如基础宽度等于或小于 400 mm，拉结石宽度应与基础宽度相等；如基础宽度大于 400 mm，可用两块拉结石内外搭接，搭接长度不应小于 150 mm，且其中一块长度不应小于基础宽度的 1/2。

②毛石墙

毛石墙第一皮及转角处、交接处和洞口处，应用较大的平毛石砌筑；每个楼层墙体的最上一皮，宜用较大的毛石砌筑。

毛石墙每日砌筑高度不应超过 1.2 m。

在毛石和实心砖的组合墙中，毛石砌体与砖砌体应同时砌筑，并每隔 4~6 皮砖用 2~3 皮丁砖与毛石砌体拉结砌合；两种砌体之间的空隙应用砂浆填满。

（2）料石砌体施工要求

①料石基础砌筑

A. 砌筑准备。

a. 放好基础的轴线和边线，测出水平标高，立好皮数杆。皮数杆间距以不大于 15 m 为宜，在料石基础的转角处和交接处均应设置皮数杆。

b. 砌筑前，应将基础垫层上的泥土、杂物等清除干净，并浇水湿润。

c. 拉线检查基础垫层表面标高是否符合设计要求。第一皮水平灰缝厚度超过 20 mm 时，应用细石混凝土找平，不得用砂浆或在砂浆中掺碎砖或碎石代替。

d. 常温施工时，砌石前 1 d 应将料石浇水湿润。

B. 砌筑要点。

a. 料石基础宜用粗料石或毛料石与水泥砂浆砌筑。料石的宽度、厚度均不宜小于 200 mm，长度不宜大于厚度的 4 倍。料石强度等级应不低于 M20，砂浆强度等级应不低于 M5。

b. 料石基础砌筑前，应清除基槽底杂物；在基槽底面上弹出基础中心线及两侧边线；在基础两端立起皮数杆，在两皮数杆之间拉准线，依准线进行砌筑。

c. 料石基础的第一皮石块应坐浆砌筑，即先在基槽底摊铺砂浆，再将石块砌上，所有石块应丁砌，以后各皮石块应铺灰挤砌，上、下错缝，搭砌紧密，上、下皮石块竖缝应相互错开不小于石块宽度的 1/2。料石基础立面组砌形式宜采用一顺一丁，即一皮顺石与一皮丁石相间。

d. 阶梯形料石基础，上级阶梯的料石至少压砌下级阶梯料石的 1/3。料石基础的水平灰缝厚度和竖向灰缝宽度不宜大于 20 mm。灰缝中砂浆应饱满。

e. 料石基础宜先砌转角处或交接处，再依准线砌中间部分，临时间断处应砌成斜槎。

②料石墙砌筑

料石墙用料石与水泥混合砂浆或水泥砂浆砌成。料石用毛料石、粗料石、半细料石、细料石均可。

A. 砌筑准备。

a. 基础通过验收，土方回填完毕，并办完隐检手续。

b. 在基础丁面放好墙身中线与边线及门窗洞口位置线，测出水平标高，立好皮数杆。皮数杆间距以不大于 15 m 为宜，在料石墙体的转角处和交接处均应设置皮数杆。

c. 砌筑前，应将基础顶面的泥土、杂物等清除干净，并浇水湿润。

d. 拉线检查基础顶面标高是否符合设计要求。第一皮水平灰缝厚度超过 20 mm 时，应用细石混凝土找平，不得用砂浆或在砂浆中掺碎砖或碎石代替。

e. 常温施工时，砌石前 1d 应将料石浇水湿润。

f. 操作用脚手架、斜道以及水平、垂直防护设施已准备妥当。

B. 砌筑要点。

a. 料石砌筑前，应在基础丁面上放出墙身中线、边线及门窗洞口位置线，并抄平，立皮数杆，拉准线。

b. 料石砌筑前，必须按照组砌图将料石试排妥当后，才能开始砌筑。

c. 料石墙应双面拉线砌筑，全顺叠砌单面挂线砌筑。先砌转角处和交接处，后砌中间部分。

d. 料石墙的第一皮及每个楼层的最上一皮应丁砌。

e. 料石墙采用铺浆法砌筑。料石灰缝厚度：毛料石和粗料石墙砌体不宜大于 20 mm，细料石墙砌体不宜大于 5 mm。砂浆铺设厚度略高于规定灰缝厚度，其高出厚度：细料石为 3~5 mm，毛料石、粗料石宜为 6~8 mm。

f. 砌筑时，应先将料石里口落下，再慢慢移动就位，进行垂直与水平校正。在料石砌块校正到正确位置后，顺石面将挤出的砂浆清除，然后向竖缝中灌浆。

g. 在料石和砖的组合墙中，料石墙和砖墙应同时砌筑，并每隔 2~3 皮料石用丁砌石与砖墙拉结砌合，丁砌石的长度宜与组合墙厚度相等。

h. 料石墙宜从转角处或交接处开始砌筑，再依准线砌中间部分，临时间断处应砌成斜槎，斜槎长度应不小于斜槎高度。料石墙每日砌筑高度不宜超过 1.2 m。

③料石柱砌筑

料石柱用半细料石或细料石与水泥混合砂浆或水泥砂浆砌成。料石柱有整石柱和组砌柱两种。整石柱每一皮料石是整块的，即料石的叠砌面与柱断面相同，只有水平灰缝，无竖向灰缝。组砌柱每皮由几块料石组砌，上、下皮竖缝相互错开。

A. 砌筑料石柱前，应在柱座面上弹出柱身边线，在柱座侧面弹出柱身中心线。

B. 整石柱所用石块的四侧应弹出石块中心线。

C. 砌筑整石柱时，应将石块的叠砌面清理干净。先在柱座面上抹一层水泥砂浆，厚约 10 mm，再将石块对准中心线砌上，以后各皮石块砌筑应先铺好砂浆，对准中心线，将石块砌上。石块如有竖向偏斜，可用铜片或铝片在灰缝边缘内垫平。

D. 砌筑料石柱时，应按规定的组砌形式逐皮砌筑，上、下皮竖缝相互错开，无通天缝，不得使用垫片。

E. 灰缝要横平竖直。灰缝厚度：细料石柱不宜大于 5 mm；半细料石柱不宜大于 10mm。砂浆铺设厚度应略高于规定灰缝厚度，其高出厚度为 3~5 mm。

F. 砌筑料石柱，应随时用线坠检查整个柱身的垂直度，如有偏斜，应拆除重砌，不得用敲击的方法去纠正。

G. 料石柱每天砌筑高度不宜超过 1.2 m。砌筑完后应立即加以围护，严禁碰撞。

④料石平拱

用料石做平拱，应按设计要求加工。如设计无规定，则料石应加工成楔形，斜度应预先设计，拱两端部的石块，在拱脚处坡度以 60° 为宜。平拱石块数应为单数，厚度与墙厚相等，高度为二皮料石高。拱脚处斜面应修整加工，使拱石相互吻合。

砌筑时，应先支设模板，并从两边对称地向中间砌。正中一块锁石要挤紧。所用砂浆强度等级不应低于 M10，灰缝厚度宜为 5 mm。

养护到砂浆强度达到其设计强度的 70% 以上时，才可拆除模板。

⑤料石过梁

用料石过梁，如设计无规定，过梁的高度应为 200~450 mm，过梁宽度与墙厚相同。过梁净跨度不宜大于 1.2m，两端各伸入墙内长度不应小于 250 mm。

过梁上砌墙时，其正中石块长度不应小于过梁净跨度的 1/3，其两旁应砌不小于 2/3 过梁净跨度的料石。

（二）砌块砌体施工

1. 砌块材料

砌块是以混凝土或工业废料做原料制成的实心或空心块材。它具有自重轻、机械化和工业化程度高、施工速度快、生产工艺和施工方法简单且可大量利用工业废料等优点，因此，用砌块代替烧结普通砖是墙体改革的重要途径。

砌块按形状划分，可分为实心砌块和空心砌块两种；按制作原料划分，可分为粉煤灰加气混凝土、混凝土、硅酸盐、石膏砌块等数种；按规格划分，可分为小型砌块、中型砌块和大型砌块。砌块高度在 115~380 mm 的称为小型砌块；高度在 380~980 mm 的称为中型砌块；高度大于 980 mm 的称为大型砌块。目前，在工程中多采用中小型砌块，各地区生产的砌块规格不一，用于砌筑的砌块外观、尺寸和强度应符合设计要求。

（1）普通混凝土小型空心砌块。普通混凝土小型空心砌块是以水泥、砂、石等普通混凝土材料制成的混凝土砌块，空心率为 25%~50%，主要规格尺寸为 390 mm×190 mm×190mm，适合人工砌筑。其强度高、自重轻、耐久性好，外形尺寸规整，有些还具有美化饰面以及良好的保温隔热性能，适用范围广泛。

（2）轻集料混凝土小型空心砌块。轻集料混凝土小型空心砌块是以浮石、火山渣、炉渣、自然煤矸石、陶粒为集料制作的混凝土空心砌块，简称轻集料混凝土小砌块。

（3）粉煤灰砌块。粉煤灰砌块又称粉煤灰硅酸盐砌块，是以粉煤灰、石灰、石膏和炉渣等集料为原料，按照一定比例加水搅拌，振动成型，再经蒸汽养护而制成的密实砌块。

粉煤灰砌块常用规格尺寸：长度×高度×宽度为 880 mm×380 mm×40 mm 或 880 mm×430 mm×240mm。砌块的端面应加灌浆槽，坐浆面（又称铺灰面）宜设抗剪槽。

（4）粉煤灰小型空心砌块。粉煤灰小型空心砌块是以粉煤灰、水泥及各种轻、重集料加水经拌和制成的小型空心砌块。其中，粉煤灰用量不应低于原材料质量的 10%，生产过程中也可加入适量的外加剂调节砌块的性能。

粉煤灰小型空心砌块按孔的排数划分，可分为单排孔、双排孔、三排孔和四排孔四种类型。其常用规格尺寸为 390mm×190mm×190 mm，其他规格尺寸可由供需双方协商确定。

2. 砌筑准备与施工工艺

（1）施工准备

运到现场的小型砌块应分规格、分等级堆放，堆垛上应设标记，堆放现场必须平整，并做好排水工作。小型砌块的堆放高度不宜超过 1.6m，堆垛之间应保持适当的通道。

普通混凝土小砌块不宜浇水；当天气干燥炎热时，可在小砌块上喷水将其稍加润湿；轻集料混凝土小砌块可洒水，但不宜过多。

（2）小型砌块砌体施工工艺

小型砌块砌体的施工过程通常包括铺灰、砌块吊装就位、校正、灌缝、镶砖等工艺。

①铺灰。砌块墙体所采用的砂浆应具有较好的和易性；砂浆稠度宜为 50~80mm；铺灰应均匀平整，长度一般不超过 5m，炎热天气及严寒季节应适当予以缩短。

②砌块吊装就位。砌块的吊装一般按施工段依次进行，其次序为先外后内、先远后近、先下后上，在相邻施工段之间留阶梯形斜槎。吊装砌块一般用摩擦式夹具，夹砌块时应避免偏心。砌块就位时，应使夹具中心尽可能与墙身中心线在同一垂直线上，对准位置徐徐下落于砂浆层上，待砌块安放稳定后，方可松开夹具。

③校正。砌块吊装就位后，用线坠或托线板检查砌块的垂直度，用拉准线的方法检查砌块的水平度。校正时可用人力轻微推动砌块或用撬杠轻轻撬动砌块。

④灌缝。采用砂浆灌竖缝，两侧用夹板夹住砌块，超过 30 mm 宽的竖缝采用不低于 C20 的细石混凝土灌缝，收水后进行嵌缝，即原浆勾缝。此后，一般不应再撬动砌块，以防破坏砂浆的粘结力。

⑤镶砖。砌块排列尽量不镶砖或少镶砖，必须镶砖时，应用整砖平砌，且要尽量分散，镶砌砖的强度等级不应小于砌块强度等级。砌筑空心砌块之前，在地面或楼面上先砌三皮实心砖（厚度不小于 200 mm），空心砖墙砌至梁或板底最后一皮时，选用顶砖镶砌。

3. 砌筑施工要求

（1）立皮数杆。应在建筑物四角或楼梯间转角处设置皮数杆，皮数杆间距不宜超过 15 m。皮数杆上画出小型砌块高度、水平灰缝的厚度以及砌体中其他构件标高位置。相对两皮数杆之间拉准线，依准线砌筑。

（2）小型砌块应底面朝上反砌。

（3）小型砌块应对孔错缝搭砌。当因个别情况无法对孔砌筑时，普通混凝土小型砌块的搭接长度不应小于 90 mm，轻集料混凝土小型砌块的搭接长度不应小于 120 mm；当不能保证此规定时，应在水平灰缝中设钢筋网片或设拉结筋，网片或钢筋的长度不应小于 700 mm。

（4）小型砌块应从转角或定位处开始，内外墙同时砌筑，纵、横墙交错连接。墙体临时间断处应砌成斜槎，斜槎长度不应小于高度的 2/3（一般按一步脚手架高度控制）；如留斜槎有困难，除外墙转角处、抗震设防地区及墙体临时间断处不应留直槎外，可以从墙面伸出 200 mm 砌成阴阳槎，并沿墙高每三皮砌块（600 mm）设拉结筋或钢筋网片，接槎部位宜延至门窗洞口。

（5）小型砌块外墙转角处，应用小型砌块隔皮交错搭砌，小型砌块端面外露处用水泥砂浆补抹平整。小型砌块内外墙 T 形交接处，应隔皮加砌两块 290 mm×190mm×190 mm 的辅助规格小型砌块，辅助小型砌块位于外墙上，开口处对齐。

（6）小型砌块砌体的灰缝应横平竖直，全部灰缝应填满砂浆；水平灰缝的砂浆饱满度不得低于 90%；竖向灰缝的砂浆饱满度不得低于 80%。砌筑中不得出现瞎缝、透明缝。

（7）小型砌块的水平灰缝厚度和竖向灰缝宽度应控制在 8～12 mm。砌筑时，铺灰长度不得超过 800 mm，严禁用水冲浆灌缝。

（8）当缺少辅助规格小型砌块时，墙体通缝不应超过两皮砌块。

（9）承重墙体不得采用小型砌块与烧结砖等其他块材混合砌筑。严禁使用断裂小型砌块或壁肋中有竖向凹形裂缝的小型砌块砌筑承重墙体。

（10）对设计规定的洞口、管道、沟槽和预埋件等，应在砌筑时预留或预埋，严禁在砌好的墙体上打凿。在小砌块墙体中不得预留水平沟槽。

（11）小型砌块砌体内不宜设脚手眼。如必须设置，可用 190 mm×190 mm×190 mm 小型砌块侧砌，利用其孔洞做脚手眼，砌筑完后用 C15 混凝土填实脚手眼。

（12）施工中需要在砌体中设置的临时施工洞口，其侧边离交接处的墙面不应小于 600 mm，并在洞口顶部设过梁，填砌施工洞口的砌筑砂浆强度等级应提高一级。

（13）砌体相邻工作段的高度差不得大于一个楼层高或 4m。

（14）在常温条件下，普通混凝土小型砌块日砌筑高度应控制在 1.8 m 以内；轻集料混凝土小型砌块日砌筑高度应控制在 2.4 m 以内。

三、砌体冬期施工与安全技术

（一）砌体冬期施工

1. 砌体冬期施工要求

（1）当室外日平均气温连续 5d 稳定低于 5℃时，砌体工程应采取冬期施工措施。需要注意的是：气温根据当地气象资料确定；冬期施工期限以外，当日最低气温低于 0℃时，也应按规定执行。

（2）冬期施工的砌体工程质量验收除应符合本地区要求外，还应符合现行行业标准《建筑工程冬期施工规程》的有关规定。

（3）砌体工程冬期施工应有完整的冬期施工方案。

（4）冬期施工所用材料应符合下列规定：

①石灰膏、电石膏等应采取防冻措施，如遭冻结，应经融化后使用；

②拌制砂浆用砂，不得含有冰块和大于 10mm 的冻结块；

③砌体用块体不得遭水浸冻。

（5）冬期施工砂浆试块的留置，除应满足常温规定要求外，还应增加 1 组与砌体同条件养护的试块，用于检验转入常温 28 d 的强度。如有特殊需要，可另外增加相应龄期的同条件养护试块。

（6）地基土有冻胀性时，应在未冻的地基上砌筑，并应防止在施工期间和回填土前地基受冻。

（7）冬期施工中，砖、小砌块浇（喷）水湿润应符合下列规定：

①烧结普通砖、烧结多孔砖、蒸压灰砂砖、蒸压粉煤灰砖、烧结空心砖、吸水率较大的轻集料混凝土小型空心砌块在气温高于 0℃条件下砌筑时，应浇水湿润；在气温不高于 0℃条件下砌筑时，可不浇水，但必须增大砂浆稠度。

②普通混凝土小型空心砌块、混凝土多孔砖、混凝土实心砖及采用薄灰砌筑法的蒸压

加气混凝土砌块施工时，不应对其浇（喷）水湿润。

③抗震设防烈度为 9 度的建筑物，当烧结普通砖、烧结多孔砖、蒸压粉煤灰砖、烧结空心砖无法浇水湿润时，如无特殊措施，不得砌筑。

（8）拌合砂浆时水的温度不得超过 80℃，砂的温度不得超过 40℃。

（9）采用砂浆掺外加剂法、暖棚法施工时，砂浆使用温度不应低于 5℃。

（10）采用暖棚法施工，块体在砌筑时的温度不应低于 5℃，距离所砌的结构底面 0.5 m 处的棚内温度也不应低于 5℃。

（11）采用外加剂法配制的砌筑砂浆，当设计无要求，且最低气温等于或低于-15℃时，砂浆强度等级应较常温施工提高一级。

（12）配筋砌体不得采用掺氯盐的砂浆施工。

2. 砌体冬期施工常用方法

砌体冬期施工常用方法有掺盐砂浆法、冻结法和暖棚法。

（1）掺盐砂浆法

掺盐砂浆法是在砂浆中掺入一定数量的氯化钠（单盐）或氯化钠加氯化钙（双盐），以降低冰点，使砂浆中的水分在低于 0℃一定范围内不冻结。这种方法施工简便、经济、可靠，是砌体工程冬期施工中广泛采用的方法。掺盐砂浆的掺盐量应符合规定。当设计无要求且最低气温≤-15℃时，砌筑承重砌体的砂浆强度等级应按常温施工提高一级。配筋砌体不得采用掺盐砂浆法施工。

（2）冻结法

冻结法采用不掺外加剂的水泥砂浆或水泥混合砂浆砌筑砌体，允许砂浆遭受冻结。砂浆解冻时，当气温回升至 0℃以上后，砂浆继续硬化，但此时的砂浆经过冻结、融化、再硬化以后，其强度及与砌体的粘结力都有不同程度的下降，且砌体在解冻时变形大，对于空斗墙、毛石墙、承受侧压力的砌体、在解冻期间可能受到振动或动力荷载的砌体、在解冻期间不允许发生沉降的砌体（如筒拱支座），不得采用冻结法。冻结法施工，当设计无要求且日最低气温>-25℃时，砌筑承重砌体的砂浆强度等级应按常温施工提高一级；当日最低气温≤-25℃时，应提高两级。砂浆强度等级不得小于 M2.5，重要结构砂浆强度等级不得小于 M5。

为保证砌体在解冻时正常沉降，冻结法施工还应符合下列规定：

①每日砌筑高度及临时间断的高度差，均不得大于 1.2 m；

②门窗框的上部应留出不小于 5 mm 的缝隙；

③砌体水平灰缝厚度不宜大于 10 mm；

④留置在砌体中的洞口和沟槽等，宜在解冻前填砌完毕，解冻前应清除结构的临时荷载；

⑤在冻结法施工的解冻期间，应经常对砌体进行观测和检查，如发现裂缝、不均匀沉降等情况，应立即采取加固措施。

（3）暖棚法

暖棚法是利用简易结构和低价的保温材料，将需要砌筑的砌体和工作面临时封闭起来，棚内加热，使之在正温条件下砌筑和养护。暖棚法费用高、热效低、劳动效率不高，因此宜少采用。一般而言，地下工程、基础工程以及量小又急需使用的砌体，可考虑采用暖棚法施工。

采用暖棚法施工，块材在砌筑时的温度不应低于+5℃，距离所砌的结构底面 0.5 m 处的棚内温度也不应低于+5℃。

（二）砌体工程安装防护措施

（1）在砌筑操作前，必须检查施工现场各项准备工作是否符合安全要求，如道路是否畅通、机具是否完好牢固、安全设施和防护用品是否齐全，经检查符合要求后才可施工。

（2）施工人员进入现场必须戴好安全帽。砌基础时，应检查和注意基坑土质的变化情况；堆放砖石材料应离开坑边 1m 以上；砌墙高度超过地坪 1.2 m 以上时，应搭设脚手架，架上堆放材料不得超过规定荷载值，堆砖高度不得超过 3 皮侧砖，同一块脚手板上的操作人员不应超过 2 人；按规定搭设安全网。

（3）不准站在墙顶上做画线、刮缝及清扫墙面或检查大角垂直等工作；不准用不稳固的工具或物体在脚手板上垫高操作。

（4）砍砖时应面向墙面，工作完毕应将脚手板和砖墙上的碎砖、灰浆清扫干净，防止掉落伤人。正在砌筑的墙上不准走人，不准站在墙上做画线、刮缝、吊线等工作。山墙砌完后，应立即安装桁条或临时支撑，防止倒塌。

（5）雨天或每日下班时，应做好防雨准备，以防雨水冲走砂浆，致使砌体倒塌。冬期施工时，脚手板上如有冰霜、积雪，清除后才能上架子进行操作。

（6）砌石墙时，不准在墙顶或架上整修石材，以免振动墙体影响质量或石片掉下伤人。不准徒手移动上墙的石块，以免压破或擦伤手指。不准勉强在超过胸部高度的墙上进行砌筑，以免将墙体碰撞倒塌或上石时失手掉下，造成安全事故。石块不得往下掷。运石上下时，脚手板要钉装牢固，并钉防滑条及扶手栏杆。

（7）对有部分破裂和脱落危险的砌块，严禁起吊；起吊砌块时，严禁将砌块停留在操作人员的上空或在空中整修；砌块吊装时，不得在下一层楼面上进行其他任何工作；卸下砌块时应避免冲击，砌块堆放应尽量靠近楼板两端，不得超过楼板的承重能力；砌块吊装就位时，应待砌块放稳后，方可松开夹具。

（8）凡脚手架、龙门架搭设好后，须经专人验收合格后方准使用。

第五章 建筑工程与路线工程测量

第一节 建筑工程施工测量

一、施工测量概述

施工测量的目的是将图纸设计的建筑物、构建物的平面位置和高程，按照设计要求，以一定的精度测设到实地上，作为施工的依据，并在施工的过程中进行一系列的测量工作。施工测量的主要工作是测设点位，又称施工放样。

施工测量贯穿整个建筑物、构建物的施工过程中。从场地平整、建筑物定位、基础施工、室内外管线施工到建筑物、构建物的构件安装等，都需要进行施工测量。工业或大型民用建设项目竣工后，为便于管理、维修和扩建，还应编绘竣工总平面图。有些高层建筑物和特殊构筑物，在施工期间和建成后，还应进行变形测量，以便积累资料，掌握变形规律，为今后建筑物、构筑物的维护和使用提供资料。

（一）施工测量的内容

（1）施工前建立与工程相适应的施工控制网。

（2）建（构）筑物的放样及构件与设备安装的测量工作。

（3）检查和验收工作。每道工序完成后，都要通过测量检查工程各部位的实际位置和高程是否符合要求，根据实测验收的记录，编绘竣工图和资料，作为验收时鉴定工程质量和工程交付后管理、维修、扩建、改建的依据。

（4）变形观测工作。随着施工的进展，测量建（构）筑物的位移和沉降，作为鉴定工程质量和验证工程设计、施工是否合理的依据。

（二）施工测量的原则

（1）为了保证各个建（构）筑物的平面位置和高程都符合设计要求，施工测量也应遵循"从整体到局部，先控制后碎部（细部）"的原则。在施工现场先建立统一的平面控制网和高程控制网，然后根据控制点的点位，测设各个建（构）筑物的位置。

（2）施工测量的检核工作也很重要，因此，必须加强外业和内业的检核工作。

（三）施工测量的特点

（1）施工测量是直接为工程施工服务的，因此它必须与施工组织计划相协调。测量人员必须了解设计的内容、性质及其对测量工作的精度要求，开工前要建立场地平面控制网和高程控制网。控制网点在整个施工期间能准确、牢固地保留至工程竣工，并能移交给建设单位继续使用。随时掌握工程进度及现场变动，使测设精度和速度满足施工的需要。

（2）施工测量的精度主要取决于建（构）筑物的大小、性质、用途、材料、施工方法等因素。一般高层建筑施工测量精度应高于低层建筑，装配式建筑施工测量精度应高于非装配式，钢结构建筑施工测量精度应高于钢筋混凝土结构建筑。往往局部精度高于整体定位精度。

（3）施工测量受施工干扰大。由于施工现场各工序交叉作业、材料堆放、运输频繁、场地变动及施工机械的振动，使测量标志易遭破坏，因此，测量标志从形式、选点到埋设均应考虑便于使用、保管和检查，如有破坏，应及时恢复。

（4）施工测量要与设计、监理等各方面密切配合，事先充分作好准备，制定切实可行的与施工同步的测量方案。测量人员要严格遵守施工放样的工作准则，每步都检验与校对。

（四）施工测量精度的基本要求

施工测量的精度取决于建筑物或构筑物的大小、材料、用途和施工方法等因素。一般情况下，高层建筑物的测设精度应高于低层建筑物，钢结构厂房的测设精度高于钢筋混凝土结构厂房，装配式建筑物的测设精度高于非装配式建筑物。

另外，建筑物、构筑物施工期间和建成后的变形测量，关系到施工安全，建筑物、构筑物的质量和建成后的使用维护，所以，变形测量一般需要有较高的精度，并应及时提供变形数据，以便做出变形分析和预报。

（五）准备工作

施工测量应建立健全测量组织、操作规程和检查制度。在施工测量之前，应先做好以下工作：

（1）仔细核对设计图纸，检查总尺寸和分尺寸是否一致，总平面图和大样详图尺寸是否一致，不符之处应及时向设计单位提出，进行修正。

（2）实地踏勘施工现场，根据实际情况编制测设详图，计算测设数据。

（3）检验和校正施工测量所用的仪器和工具。

二、建筑场地施工控制测量

（一）施工控制测量概述

由于在勘测设计阶段所建立的控制网是为测图而建立的，有时并未考虑施工的需要，所以控制点的分布、密度和精度，都难以满足施工测量的要求。另外，在平整场地时，大多控制点被破坏。因此施工之前，在建筑场地应重新建立专门的施工控制网。

1. 施工控制网的分类

施工控制网分为平面控制网和高程控制网两种。

（1）施工平面控制网

施工平面控制网可以布设成 GPS 网、导线网、建筑方格网和建筑基线四种形式。

（2）施工高程控制网

施工高程控制网采用水准测量的方法建立，有时也会采用三角高程测量的方法。

2. 施工控制网的特点

与测图控制网相比，施工控制网具有控制范围小、控制点密度大、精度要求高及使用频繁等特点。

（二）施工场地的平面控制测量

1. 施工坐标系的建立

施工坐标系亦称建筑坐标系，其坐标轴与主要建筑物主轴线平行或垂直，以便用直角坐标法进行建筑物的放样。

施工控制测量的建筑基线和建筑方格网一般采用施工坐标系，是一种独立坐标系，与测量坐标系往往不一致，因此，施工测量前常常需要进行施工坐标系与测量坐标系的坐标换算。

2. 建筑基线

建筑基线是建筑场地的施工控制基准线，即在建筑场地布置一条或几条轴线。它适用于建筑设计总平面图布置比较简单的小型建筑场地。

（1）建筑基线的布设形式

建筑基线的布设形式，应根据建筑物的分布、施工场地地形等因素来确定。常用的布设形式有"一"字形、"L"形、"十"字形和"T"形。

（2）建筑基线的布设要求

①建筑基线应尽可能靠近拟建的主要建筑物，并与其主要轴线平行，以便使用比较简单的直角坐标法进行建筑物的定位。

②建筑基线上的基线点应不少于三个，以便相互检核。

③建筑基线应尽可能与施工场地的建筑红线相联系。

④基线点位应选在通视良好和不易被破坏的地方，为能长期保存，要埋设永久性的混凝土桩。

（3）建筑基线的测设方法

①根据建筑红线测设建筑基线

由城市测绘部门测量的建筑用地界定基准线，称为建筑红线。在城市建设区，建筑红线可作为建筑基线测设的依据。

②根据附近已有控制点测设建筑基线

在新建筑区，可以利用建筑基线的设计坐标和附近已有控制点的坐标，用极坐标法测设建筑基线。

3. 建筑方格网

由正方形或矩形组成的施工平面控制网，称为建筑方格网，或称矩形网。建筑方格网适用于按矩形布置的建筑群或大型建筑场地。

（1）建筑方格网的布置和主轴线的选择

建筑方格网的布置，可根据建筑设计总平面图和现场地形拟定。一般先选定主轴线，再布置方格网。厂区面积较大时，可分两级：首级采用"十"字形、"口"字形、"田"字形，然后再加密。方格网的主轴线应布设在厂区中部，并与主要建筑物的基本轴线平行。

（2）确定主点的施工坐标

主点的施工坐标一般由施工单位给出，也可在总平面图上图解一点的坐标后，推算其他主点的坐标。

（3）建筑方格网的测设

①主轴线测设

主轴线测设与建筑基线测设方法相似。首先，准备测设数据；然后，测设两条相互垂直的主轴线；最后，精确检测主轴线点的相对位置关系，并与设计值相比较，如果超限，则应进行调整。

②方格点的测设

建筑方格网轴线与建筑物轴线平行或垂直，因此，可用直角坐标法进行建筑物的定位，直角坐标法计算简单，测设比较方便，而且精度较高。建筑方格网的缺点是必须按照总平面图布置，其点位容易被破坏，而且测设工作量也比较大。

在全站仪和GPS接收机已经十分普及的今天，建筑方格网由于其图形比较死板，点位不便于长期保存，已逐渐被淘汰。相比之下，导线网、GPS控制网有很大的灵活性，在选点时，完全可以根据场地情况和需要设定点位。有了全站仪，在一定范围内只要视线通视，都能很容易地放样出各细部点。

4. 导线网和GPS网

首级控制网不一定要具有方格的形状，完全可以用导线网或GPS网等灵活的形式建立。这样首级网中点数不多，点位可以比较自由地选择在便于保存并便于使用的地点。随着施工的进展，用首级网逐步放样出主要建筑轴线，然后从主要建筑轴线出发建立所需精度的建筑矩形控制网或其他形式的控制网。

（三）施工场地的高程控制测量

1. 施工场地高程控制网的建立

建筑施工场地的高程控制测量一般采用水准测量方法，应根据施工场地附近的国家或城市已知水准点，测量施工场地水准点的高程，以便纳入统一的高程系统。

在施工场地上，水准点的密度，应尽可能满足安置一次仪器即可测设出所需的高程。而测图时布设的水准点往往是不够的，因此，还需增设一些水准点。在一般情况下，建筑基线点、建筑方格网点以及导线点也可兼作高程点，只要在平面控制点桩面上中心旁边设置一个突出的半球状标志即可。

为了便于检核和提高测量精度，施工场地高程控制网应布设成闭合或附合路线。高程控制网可分为首级网和加密网，相应的水准点称为基本水准点和施工水准点。

2. 基本水准点

基本水准点应布设在土质坚实、不受施工影响、无震动和便于实测的地方，并埋设永久性标志。一般情况下，按四等水准测量的方法测量其高程，而对于为连续性生产车间或地下管道测设所建立的基本水准点，则需按三等水准测量的方法测量其高程。

3. 施工水准点

施工水准点是用来直接测设建筑物高程的。为了测设方便和减少误差，施工水准点应靠近建筑物。

此外，由于涉及建筑物常以底层室内地坪高±0.000标高为高程起算面，为了施工引测方便，常在建筑物内部或附近测设±0.000水准点。±0.000水准点的位置，一般选在稳定的建筑物墙、柱的侧面，用红油漆绘成顶为水平线的"▽"形，其顶端表示±0.000位置。

三、民用建筑的施工测量

民用建筑一般是指供人们日常生活及进行各种社会活动用的建筑物，如住宅楼、办公楼、学校、医院、商店、影剧院、车站等。民用建筑施工测量的主要任务是按设计要求，配合施工进度，测设建筑物的平面位置及高程，以保证工程按图纸施工。由于类型不同，民用建筑测设（放样）的方法及精度要求虽有所不同，但过程基本相同，大致为准备工作，建筑物的定位、放线，基础工程施工测量，墙体工程施工测量，各层轴线投测及标高传递等。在施工测量之前，必须做好各种准备工作。

（一）测量前的准备工作

1. 熟悉设计图纸

设计图纸是施工测量的依据，所以首先熟悉图纸，掌握施工测量的内容与要求，并对图纸中的有关尺寸、内容进行审核。设计图纸主要包括以下内容。

（1）建筑总平面图

建筑总平面图反映新建建筑物的位置朝向，室外场地、道路、绿化等的布置，以及建筑物首层地面与室外地坪标高，地形，风向频率等，是新建建筑物定位、放线、土方施工的依据。在熟悉图纸的同时，应掌握新建建筑物的定位依据和定位条件，对用地红线桩、控制点、建筑物群的几何关系进行坐标、尺寸、距离等校核，检查室内外地坪标高和坡度是否对应、合理。

（2）建筑平面图

建筑平面图给出的是建筑物各定位轴线间的尺寸关系及室内地坪标高等，它是测设建筑物细部轴线的依据。

（3）基础平面图及基础详图

基础平面图和基础详图给出的是基础边线与定位轴线的平面尺寸、基础布置与基础详图位置关系，基础立面尺寸、设计标高、宽度变化及基础边线与定位轴线的尺寸关系等，它是测设基槽（坑）开挖边线和开挖深度的依据，也是基础定位和细部放样的依据。

（4）立面图和剖面图

立面图和剖面图给出的是基础、地坪、门窗、楼板、屋架和屋面等的设计高程，它们是高程测设的主要依据。

2. 仪器配备与检校

根据工程性质、规模和难易程度准备测量仪器，并在开工之前将仪器设备送到相关单位进行检定、校正，以保证工程按质按量完成。

3. 现场踏勘

现场踏勘的目的是了解现场的地物、地貌以及控制点的分布情况，并调查与施工测量有关的问题。对建筑物地面上的平面控制点，在使用前应校核点位是否正确，并应实地检测水准点的高程。通过校核，取得正确的测量起始数据和点位。

4. 编制施工测设方案

在熟悉设计图纸、掌握施工计划和施工进度的基础上，结合现场条件和实际情况，拟定测设方案。测设方案包括测设方法、测设步骤、采用的仪器工具、精度要求、时间安排等。

施工测设方案的确定，在满足《工程测量规范》的建筑物施工放样、轴线投测和标高传递允许偏差的前提下进行。

5. 准备测设数据

在每次现场测设前，应根据设计图纸和测量控制点的分布情况，准备好相应的测设数据，并对数据进行检核。除计算必需的测设数据外，还需要从下列图纸上查取房屋内部平面尺寸和高程数据：

（1）从建筑总平面图上查出或计算出设计建筑物与原有建筑物或测量控制点之间的平面尺寸和高差，并以此作为测设建筑物总体位置的依据。

（2）在建筑平面图中查取建筑物的总尺寸和内部各定位轴线之间的尺寸关系，这是施工放样的基本资料。

（3）从基础平面图中查取基础边线与定位轴线的平面尺寸，以及基础布置与基础剖面的位置关系。

（4）从基础详图中查取基础立面尺寸、设计标高，以及基础边线与定位轴线的尺寸关系，这是基础高程测设的依据。

（5）从建筑物的立面图和剖面图中，查取基础、地坪、门窗、楼板、屋面等设计高程，这是高程测设的主要依据。

（二）进行民用建筑物的定位与放线

建筑物的定位是根据放样略图将建筑物外廓各轴线交点测设到地面上，作为基础放样和细部放样的依据。建筑物的放线是根据已定位的外墙轴线交点桩，详细测设出建筑物的其他各轴线交点桩，按基础宽和放坡宽用白灰线撒出基槽开挖边界线。

1. 民用建筑物的定位

民用建筑物的定位方法主要有以下五种：①根据测量控制点定位；②根据建筑方格网定位；③根据建筑基线定位；④根据建筑红线定位；⑤根据与原有建筑物的关系定位。

民用建筑物定位的注意事项：

（1）认真熟悉设计图纸及有关技术资料，审核各项尺寸，若发现图纸有不符之处应与有关技术部门核实改正。施测前绘制测量定位略图，并标注相关测设数据。

（2）施测过程中对每个环节都要精心操作，尽量做到以长方向控制短方向，引测过程的精度不低于控制网的精度。

（3）标注桩位时，应注意写清轴线编号、偏移距离和方向，避免将中线、轴线、边线搞混看错。

（4）控制桩要做好明显标志，以引起人们的注意。桩周围要设置保护措施，防止碰撞破坏。应定期进行检测，保证测量精度。

（5）寒冷地区应采取防冻措施。

2. 民用建筑物的放线

民用建筑物的放线一般包括以下工作。

（1）测设中心桩

如为基础大开挖，则可先不进行此项工作。

（2）钉设轴线控制桩或龙门板

建筑物定位后，由于定位桩、中心桩在开挖基础时将被挖掉，一般在基础开挖前把建筑物轴线延长到安全地点，并做好标志，作为开槽后各阶段施工中恢复轴线的依据。延长轴线的方法有两种：一是在建筑物外侧设置龙门桩和龙门板；二是在轴线延长线上打木桩，称为轴线控制桩（又称为引桩）。

①龙门板法。在建筑物四角和中间隔墙的两端，距离基槽边线 2 m 以外，牢固地埋设大木桩，称为龙门桩，并使桩的一侧平行于基槽。

根据附近水准点，用水准仪将±0.000 标高测设在每个龙门桩的外侧，并画出横线标志。如果现场条件不允许，也可测设比±0.000 高或低一定数值的标高线，同一建筑物最好只用一个标高，如因地形起伏大而用两个标高时，一定要标注清楚，以免使用时发生错误。在相邻两龙门桩上钉设木板，称为龙门板，龙门板的上沿应和龙门桩上的横线对齐，使龙门板的顶面标高在一个水平面上，并且标高为±0.000，或比±0.000 高或低一定的数值，龙门板顶面标高的误差应在±5 mm 以内。

根据轴线桩，用经纬仪将各轴线投测到龙门板的顶面，并钉上小钉作为轴线标志，称为轴线钉，投测误差应在±5 mm 以内。对小型的建筑物，也可用拉细线绳的方法延长轴线，再钉上轴线钉。如事先已打好龙门板，可在测设细部轴线的同时钉设轴线钉，以减少重复安置仪器的工作量。龙门板法适用于一般小型的民用建筑物。

②轴线控制桩法。在建筑物施工时，沿房屋四周在建筑物轴线方向上设置的桩，叫作

轴线控制桩。轴线控制桩是在测设建筑物角桩和中心桩时，把各轴线延长到基槽开挖边线以外、不受施工干扰，并便于引测和保存桩位的地方。在桩顶面钉小钉标明轴线位置，以便在基槽开挖后恢复轴线之用。如附近有固定性建筑物，应把各线延伸到建筑物上，以便校对控制桩。

（3）确定开挖边界线

应先根据槽底设计标高、原地面标高、基槽开挖坡度计算轴线两侧的开挖宽度。轴线一侧的开挖宽度按下式计算：

$$W = W_1 + W_2 + \frac{h}{i}$$

式中　W——轴线一侧的开挖宽度；

　　　W_1——轴线一侧的结构宽度；

　　　W_2——预留工作面宽度；

　　　h——槽深；

　　　i——边坡坡度，$i = h/D$。

（三）建筑物基础施工测量

1. 基槽开挖深度的控制

为了控制基槽开挖深度，当基槽挖到接近槽底设计高程时，应在槽壁上测设一些水平桩，使水平桩的上表面离槽底设计高程为某一整分米数，用以控制挖槽深度，也可作为槽底清理和打基础垫层时掌握标高的依据。

水平桩可以是木桩，也可以是竹桩，测设时，以画在龙门板或周围固定地物的±0.000标高线为已知高程点，用水准仪进行测设；小型建筑物也可用连通水管法进行测设。水平桩上的高程误差应在±10 mm以内。

2. 垫层标高和基础放样

如图5-1所示，基槽开挖完成后，应在基坑底设置垫层标高桩，使桩顶面的高程等于垫层设计高程，作为垫层施工的依据。垫层施工完成后，根据轴线控制桩，用拉线的方法，吊垂球将墙基轴线投设到垫层上，用墨斗弹出墨线，用红油漆画出标记。墙基轴线投设完成后，应按设计尺寸复核。

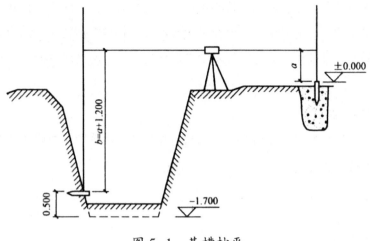

图 5-1　基槽抄平

3. 基础墙标高的控制和弹线

房屋基础墙（±0.000 以下的砖墙）的高度是利用基础皮数杆来控制的。基础皮数杆是一根木制的杆子，在杆上事先按照设计尺寸，将砖、灰缝厚度画出线条，并标明±0.000和防潮层等的标高位置。

根据龙门板或控制桩所示轴线及基础设计宽度，在垫层上弹出中心线及边线。由于整个建筑将以此为基准，所以要按设计尺寸严格校核。

（四）进行建筑物主体工程施工测量

房屋主体是指±0.000 以上的墙体，多层民用建筑每层砌筑前都应进行轴线投测和高程传递，以保证轴线位置和标高正确，其精度应符合要求。

1. 墙体定位

为防基础施工土方及材料的堆放与搬运产生碰动，基础工程结束后，应及时对控制桩进行检查。复核无误后，用控制桩将轴线测设到基础顶面（或承台、地梁）上，并用墨线弹出墙中心线和墙边线。检查外墙轴线交角是否为直角，符合要求后把墙轴线延伸并画在外墙基础上，做好标志，如图 5-2 所示，作为向上层投测轴线的依据。同时，把门、窗和其他洞口的边线也画在外墙基础立面上。

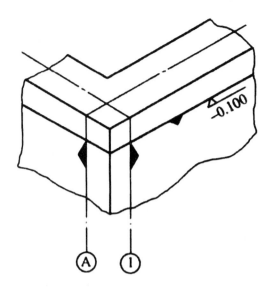

图 5-2　墙体轴线及标高控制

2. 轴线投测

施工轴线的投测，宜使用 2″级激光经纬仪或激光铅直仪进行。控制轴线投测至施工层后，应在结构平面上按闭合图形对投测轴线进行校核。合格后，才能进行本施工层上的其他测设工作；否则，应重新进行投测。

3. 墙体各部位高程的控制

墙体施工通常也用皮数杆来控制墙身细部高程，皮数杆可以准确控制墙身各部位构件的位置。在皮数杆上标明±0.000、门、窗、楼板、过梁、圈梁等构件的高度位置，并根据设计尺寸，在墙身皮数杆上画出砖、灰缝处线条，这样可保证每皮砖、灰缝厚度均匀。

立皮数杆时，先在地面上打一木桩，用水准仪测出±0.000 标高位置，并画一横线作为标志；然后，把皮数杆上的±0.000 线与木桩上的±0.000 对齐、钉牢。皮数杆钉好后要用水准仪进行检测，并用垂球来校正皮数杆的竖直程度。

皮数杆一般设立在建筑物内（外）拐角和隔墙处。采用里脚手架砌砖时，皮数杆应立在墙外侧；采用外脚手架时，皮数杆应立在墙内侧。砌框架或钢筋混凝土柱墙时，每层皮数杆可直接画在构件上，而不立皮数杆。

墙身皮数杆的测设与基础皮数杆相同。一般在墙身砌起 1 m 后，就在室内墙身上定出+0.500m 的标高线，作为该层地面施工及室内装修的依据。在第二层以上的墙体施工中，为了使同层四角的皮数杆立在同一水平面上，要用水准仪测出楼板面四角的标高，取平均值作为本层的地坪标高，并以此作为本层立皮数杆的依据。当精度要求较高时，可用钢尺沿墙身自±0.000 起向上直接丈量至楼板外侧，确定立杆标志。

4. 多层建筑物轴线投测与标高引测

在多层建筑物的砌筑过程中，为了保证轴线位置的正确传递，常采用吊垂球或经纬仪将底层轴线投测到各层楼面上，作为各层施工的依据。

（1）轴线投测

在砖墙体砌筑过程中，经常采用垂球校验纠正墙角（或轴线），使墙角（或轴线）在一铅垂线上，这样就把轴线逐层传递上去了。在框架结构施工中将较重垂球悬吊在楼板边缘，当垂球尖对准基础上定位轴线时，垂球线在楼板边缘的位置即楼层轴线端点位置，画一标志，同样投测该轴线的另一端点，两端的连线即定位轴线。同法投测其他轴线，用钢尺校核各轴线间距，无误后方可进行施工，这样就可把轴线逐层自下而上传递。

为了保证投测精度，每隔三、四层可用经纬仪把地面上的轴线投测到楼板上进行校核，其投测步骤如下：

第一步：在轴线控制桩上安置经纬仪，后视墙底部的轴线标点，用正倒镜取中的方法，将轴线投到上层楼板边缘或柱顶上。

第二点：用钢尺对轴线进行测量，作为校核。

第三步：开始施工。

经纬仪轴线投测应符合以下要求：

①用钢尺对轴线间距进行校核时，其相对误差不得大于 1/2000。

②为了保证投测质量，使用的仪器一定要经检验校正，安置仪器时一定要严格对中、整平。

③为了防止投点进仰角过大，经纬仪与建筑物的水平距离要大于建筑物的高度，否则应采用正倒镜延长直线的方法将轴线向外延长，然后再向上投点。

（2）标高传递

施工层标高的传递，宜采用悬挂钢尺代替水准尺的水准测量方法进行，并应对钢尺读数进行温度、尺长和拉力改正。

①传递点的数目，应根据建筑物的大小和高度确定。规模较小的工业建筑或多层民用建筑，宜从两处分别向上传递；规模较大的工业建筑或高层民用建筑，宜从三处分别向上传递。

②传递的标高较差小于 3 mm 时，可取其平均值作为施工层的标高基准，否则应重新传递。

施工的垂直度测量精度，应根据建筑物的高度、施工的精度要求、现场观测条件和垂直度测量设备等综合分析确定，但不应低于轴线竖向投测的精度要求。

（五）进行高层建筑施工测量

高层建筑体形大、层数多、温度高、造型多样化、地下基础较深、结构复杂、工程量大、工期长、场地变化大。随着超高层建筑和高耸结构物的不断出现，高层建筑施工测量的精度要求越来越严格，如何在温差、日照、风载等外界环境因素的影响下迅速、准确地完成平面轴线控制、高程传递、建筑构件的安装定位，尤其是控制竖向偏差，即通常所说的竖直度的问题，已成为影响超高层建筑施工的首要因素。

1. 高层建筑施工测量的特点、基本准则及主要任务

（1）高层建筑施工测量的特点

①由于高层建筑层数多、高度高，结构竖向偏差直接影响工程受力情况，故施工测量中要求竖向投点精度高，所选用的仪器和测量方法要适应结构类型、施工方法和场地情况。

②由于高层建筑结构复杂，设备和装修标准较高，特别是高速电梯的安装等，对施工测量精度要求更高。一般情况下，在设计图纸中说明了总的允许偏差值，由于施工时也有误差产生，为此测量误差只能被控制在总偏差值之内。

③由于高层建筑平面、立面造型既新颖又复杂多变，故要求开工前应先制定施测方案、配备仪器、为测量人员分工，并经工程指挥部组织有关专家论证后方可实施。

（2）高层建筑施工测量的基本准则

①遵守国家法令、政策和规范，明确为工程施工服务。

②遵守"先整体、后局部"和"高精度控制低精度"的工作程序。

③要有严格的审核制度。

④建立一切定位、放线工作要经自检、互检合格后，方可申请主管部门验收的工作制度。

（3）高层建筑施工测量的主要任务

与普通多层建筑物的施工测量相比，高层建筑施工测量的主要任务是将轴线精确地向上引测和进行高程传递。

2. 高层建筑的定位与放线

（1）桩位放样

在软土地基区的高层建筑常用桩基，一般都打入钢管桩或钢筋混凝土方桩。由于高层建筑的上部荷重主要由钢管桩或钢筋混凝土方桩承受，所以对桩位要求较高，按规定钢管桩及钢筋混凝土桩的定位偏差不得超过 1/2（为圆桩直径或方桩边长），为此在定桩位时必须按照建筑施工控制网，实地定出控制轴线，再按设计的桩位图中所示尺寸逐一定出桩位，对定出的桩位尺寸必须再进行一次校核，以防定错。

（2）建筑物基坑与基础的测定

高层建筑采用箱形基础和桩基础较多，其基坑较深，有的达 20 多米。在开挖基坑时，应当根据规范和设计所规定的精度（高程和平面）完成土方工程。

基坑下轮廓线的定线和土方工程的定线，可以沿着建筑物的设计轴线，也可以沿着基坑的轮廓线进行定点，最理想的是根据施工控制网来定线。

根据设计图纸进行放样，常用的方法有以下几种：

①投影法。根据建筑物的对应控制点，投影建筑物的轮廓线。

②主轴线法。建筑方格网一般都确定一条或两条主轴线。主轴线的形式有 L 形、T 形或 "十" 字形等布置形式。这些主轴线是建筑物施工的主要控制依据。因此，当建筑物放样时，按照建筑物柱列线或轮廓线与主轴线的关系，在建筑场地上定出主轴线后，根据主轴线逐一定出建筑物的轮廓线。

③极坐标法。建筑物的造型格式从单一的方形向 S 形、扇面形、圆筒形、多面体形等复杂的几何图形发展，这为建筑物的放样定位带来了一定的复杂性，极坐标法是比较灵活的放样定位方法。极坐标法是先根据设计要素（如轮廓坐标、曲线半径、圆心坐标等）与施工控制网点的关系，计算其方向角及边长，并在工作控制点上按其计算所得的方向角和边长，逐一测定点位。将所有建筑物的轮廓点位定出后，再检查是否满足设计要求。

据施工场地的具体条件和建筑物几何图形的繁简情况，测量人员可选择最合适的工作方法进行放样定位。

（3）建筑物基础上的平面与高程控制

①建筑物基础上的平面控制

由外部控制点（或施工控制点）向基础表面引测。如果采用流水作业法施工，当第一层的柱子立好后，马上开始砌筑墙壁时，标桩与基础之间的通视很快就会被阻断。由于高层建筑的基础尺寸较大，因而不得不在高层建筑基础表面上作出许多要求精确测定的轴线。而所有这一切都要求在基础上直接标定起算轴线标志，使定线工作转向基础表面，以便在其表面上测出平面控制点。建立这种控制点时，可将建筑物对称轴线作为起算轴线。如果基础面上有了平面控制点，就能完全保证在规定的精度范围内进行精密定线工作。

高层建筑施工在基础面上放样，要根据实际情况采取切实可行的方法，必须经过校对和复核，以确保无误。

当用外控法投测轴线时，应每隔数层用内控法测一次，以提高精度，减少竖向偏差的积累。为保证精度应注意以下几点：

A. 轴线的延长控制点要准确，标志要明显，并要保护好。

B. 尽量选用望远镜放大倍率大于 25 倍、有光学投点器的经纬仪，以 T2 级经纬仪投测为好。

C. 仪器要进行严格的检验和校正。

D. 测量时尽量选在早晨、傍晚、阴天、无风的天气条件下进行，以减少旁折光的影响。

②建筑物基础上的高程控制

建筑物基础上的高程控制的主要作用是利用工程标高保证高层建筑施工各阶段的工作。高程控制水准点必须满足基础的整个面积，而且还要有高精度的绝对标高。必须用 Ⅱ 等水准测量确定水准表面的标高。按工程测量规范，必须将水准仪置于两水准尺的中间，Ⅱ 等水准前、后视距不等差不得大于 1m，Ⅲ 等水准前、后视距不等差不得大于 2m，Ⅳ 等水准前、后视距不等差不得大于 4m。如果采用带有平行玻璃板的水准仪并配有铟钢水准尺时，则利用主副尺读数。主副尺的常数一般为 3.01550，主副尺的读数差 ≤ ±0.3 mm，视线距离地面的高度不应小于 0.5m。若无上述仪器，可采用三丝法，这种方法不需要水准气泡两端的读数。基础上的整个水准网附合在 2~3 个外部控制水准标志上。

进行水准测量时必须做好野外记录，观测结束后及时计算高差闭合差，看是否超限，如 Ⅱ 等水准允许线路闭合限差为 $4\sqrt{L}$ 或 $1/\sqrt{N}$（L 为千米数、N 为测站数）。结果满足精度要求后，即可将水准线路的不符值按测站数进行平差，计算各水准点的高程，编写水准测量成果表。

3. 高层建筑中的竖向测量

竖向测量也称为垂准测量，是工程测量的重要组成部分。它的应用比较广泛，适用于大型工业工程的设备安装、高耸构筑物（高塔、烟囱、筒仓）的施工、矿井的竖向定向，以及高层建筑施工和竖向变形观测等。在高层建筑施工中，竖向测量一般可分为经纬仪引桩投测法和激光垂准仪投测法两种。

（1）经纬仪引桩投测法

当建筑物高度不超过 10 层时，可采用经纬仪投测轴线。在基础工程完成后，用经纬仪将建筑物的主轴线精确投测到建筑物底部，并设标志，以供下一步施工与向上投测用。

如图 5-3 所示，通常先将原轴线控制桩引测到离建筑物较远的安全地点，如 A_1、B_1、A_1'、B_1' 点，以防止控制桩被破坏，同时，避免轴线投测时仰角过大，以便减小误差，提高投测精度。然后将经纬仪安置在轴线控制桩 A_1、B_1、A_1'、B_1' 上，严格对中、整平。用望远镜照准已在墙角弹出的轴线点 a_1、a_1'、b_1、b_1'，用盘左和盘右两个竖盘位置向上投测到上一层楼面上，取得 a_2、a_2'、b_2、b_2' 点，再精确测出 a_2a_2' 和 b_2b_2' 两条直线的交点 O_2，

然后根据已测设 $a_2O_2a_2'$ 和 $b_2O_2b_2'$ 的两轴线在楼面上详细测设其他轴线。

按照上述步骤逐层向上投测，即可获得其他各楼层的轴线。

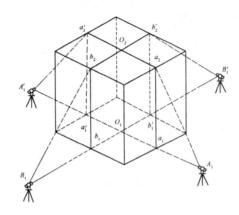

图 5-3　经纬仪轴线投测

当楼层逐渐增高，而轴线控制桩距离建筑物又较近时，经纬仪投测时的仰角较大，操作不方便，误差也较大，此时应将轴线控制桩用经纬仪引测到远处（距离大于建筑物高度）稳固的地方，然后继续往上投测。如果周围场地有限，也可引测到附近建筑物的屋面上。

所有主轴线投测出来后，应进行角度和距离的检核，合格后再以此为依据测设其他轴线。

（2）激光垂准仪投测法

高层建筑随着层数的增加，经纬仪投测的难度也增加，精度会降低。因此，当建筑物层数多于 10 层时，通常采用激光垂准仪（激光铅垂仪）进行轴线投测。

激光垂准仪是利用望远镜发射的铅直激光束到达光靶（放样靶，由透明塑料玻璃制成，规格为 25cm×25 cm），在靶上显示光点，投测定位的仪器。垂准仪可向上投点，也可向下投点。其向上投点精度为 1/45000。

激光垂准仪操作起来非常简单。使用时先将垂准仪安置在轴线控制点（投测点）上，对中、整平后，向上发射激光，利用激光靶使靶心精确对准激光光斑，即可将投测轴线点标定在目标面上。

投测时必须在首层面层上做好平面控制，并选择四个较合适的位置作控制点或用中心"十"字控制，在浇筑上升的各层楼面时，必须在相应的位置预留 200 mm×200 mm 与首层层面控制点相对应的小方孔，保证能使激光束垂直向上穿过预留孔。在首层控制点上架设激光铅垂仪，调置仪器，对中、整平后打开电源，使激光铅垂仪发射出可见的红色光束，投射到上层预留孔的接收靶上，查看红色光斑点离靶心最小之点，此点即第二层上的一个控制点。其余的控制点用同样方法向上传递。

4. 高层建筑的高程传递

在高层建筑施工中，要由下层楼面向上层传递高程，以使上层楼板、门窗、室内装修等工程的标高符合设计要求。传递高程的方法有钢尺直接丈量法、悬吊钢尺法和全站仪法三种。

（1）钢尺直接丈量法

钢尺直接丈量法是从±0.000 或+0.500 线（称为50线）开始，沿结构外墙、边柱或楼梯间、电梯间直接向上垂直量取设计高差，确定上一层的设计标高。利用该方法应从底层至少 3 处向上传递。对所传递标高利用水准仪检核，误差应不超过±3 mm。

（2）悬吊钢尺法

悬吊钢尺法是采用悬吊钢尺配合水准测量的一种方法。在外墙或楼梯间悬吊一根钢尺，分别在地面和楼面上安置水准仪，将标高传递到楼面上。用于高层建筑传递高程的钢尺应经过检定，量取高差时尺身应铅直和用规定的拉力，并应进行温度改正。

如图 5-4 所示，由地面上已知高程点 A，向建筑物楼面 B 传递高程，先从楼面上（或楼梯间）悬挂一支钢尺，钢尺下端悬一重锤。在观测时，为了使钢尺比较稳定，可将重锤浸于一盛满油的容器中。然后，在地面及楼面上各安置一台水准仪，按水准测量方法同时读得 a_1，b_1 和 a_2，b_2，则楼面上 B 点的高程 H_B 为

$$H_B = H_A + a_1 - b_1 + a_2 - b_2$$

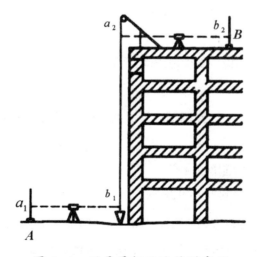

图 5-4　用悬吊钢尺法传递高程

四、工业建筑的施工测量

（一）测设工业厂房控制网

凡工业厂房或连续生产系统工程，均应建立独立的矩形控制网，作为施工放样的依据。厂房控制网分为三级：第一级是机械传动性能较高、有连续生产设备的大型厂房和焦炉等；第二级是有桥式吊车的生产厂房；第三级是没有桥式吊车的一般厂房。

1. 控制网测设前的准备工作

工业厂房控制网测设前的准备工作主要包括：制定测设方案、计算测设数据和绘制测设略图。

（1）制定测设方案

厂房矩形控制网的测设方案，通常是根据厂区的总平面图、厂区控制网、厂房施工图和现场地形情况等资料来制定的。其主要内容为：确定主轴线位置、矩形控制网位置、距离指标桩的点位、测设方法和精度要求。

在确定主轴线点及矩形控制网位置时，应注意以下几点：

①要考虑到控制点能长期保存，应避开地上和地下管线。

②主轴线点及矩形控制网位置应距厂房基础开挖边线以外 1.5~4m。

③距离指标桩即沿厂房控制网各边每隔若干柱间距埋设一个控制桩，故其间距一般为厂房柱距的倍数，但不要超过所用钢尺的整尺长。

（2）计算测设数据

根据测设方案的要求测设方案中要求测设的数据。

（3）绘制测设略图

根据厂区的总平面图、厂区控制网、厂房施工图等资料，按一定比例绘制测设略图，为测设工作做好准备。

2. 不同类型工业厂房控制网的测设

（1）中小型工业厂房控制网的测设

如图 5-5 所示，根据测设方案与测设略图，将经纬仪安置在建筑方格网的点 E，分别精确照准 D、H 点。自 E 点沿视线方向分别量取 $Eb = 35.00$m 和 $Ec = 28.00$ m，定出 b、c 两点。然后，将经纬仪分别安置于 b、c 两点，用测设直角的方法分别测出 bⅣ、cⅢ方向线，沿 bⅣ方向测设出Ⅳ、Ⅰ两点，沿 cⅢ方向测设出Ⅱ、Ⅲ两点，分别在Ⅰ、Ⅱ、Ⅲ、Ⅳ四个点上钉上木桩，做好标志。最后检查控制桩Ⅰ、Ⅱ、Ⅲ、Ⅳ各点的直角是否符合精度要求，一般情况下其误差不应超过±10″，各边长度相对误差不应超过 1/10000~1/25000。

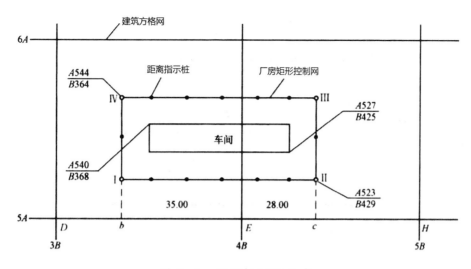

图 5-5　矩形控制网示意

（2）大型工业厂房控制网的测设

对于大型工业厂房或设备基础复杂的厂房，由于施测精度要求较高，为了保证后期测设的精度，其矩形厂房控制网的建立一般分两步进行。首先依据厂区建筑方格网精确测设出厂房控制网的主轴线及辅助轴线（可参照建筑方格网主轴线的测设方法进行），当校核达到精度要求后，再根据主轴线测设厂房矩形控制网，并测设各边上的距离指示桩，一般距离指示桩位于厂房柱列轴线或主要设备中心线方向上。最终应进行精度校核，直至达到要求。大型厂房的主轴线的测设精度要求是，边长的相对误差不应超过 1/30000，角度偏差不应超过±5″。

如图 5-6 所示，主轴线 MON 和 HOG 分别选定在厂房柱列轴线和③轴上，Ⅰ、Ⅱ、Ⅲ、Ⅳ为控制网的四个控制点。

测设时，首先按主轴线测设方法将 MON 测设于地面上，再以 MON 轴为依据测设短轴 HOG，并对短轴方向进行方向改正，使轴线 MON 与 HOG 正交，限差为±5″。主轴线方向确定后，以 O 点为中心，用精密丈量的方法测定纵、横轴端点 M、N、H、G 的位置，主轴线长度的相对精度为 1/5000。测设主轴线后，可测设矩形控制网，测设时分别将经纬仪安置在 M、N、H、G 四点上，瞄准 O 点测设 90°方向，交会定出Ⅰ、Ⅱ、Ⅲ、Ⅳ四个角点，精密丈量 MⅠ、MⅡ、NⅡ、NⅣ、HⅠ、HⅣ、GⅤ、GⅢ的长度，精度要求同主轴线，不满足精度要求时应进行调整。

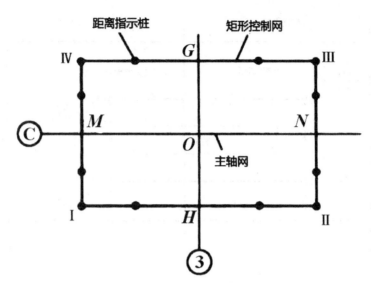

图 5-6   大型厂房矩形控制网的测设

3. 工业厂房控制网的精度要求

工业厂房矩形控制网的允许误差应符合表 5-1 的规定。

表 5-1   工业厂房矩形控制网的允许误差

矩形网等级	矩形网类别	厂房类别	主轴线、矩形边长精度	主轴线交角容许差	矩形角容许差
I	根据主轴线测设的控制网	大型	1：50000，1：30000	±3″～±5″	±5″
II	单一矩形控制网	中型	1：20000	—	±7″
III	单一矩形控制网	小型	1：10000	—	±10″

4. 厂房扩建与改建控制测量

在对旧厂房进行扩建或改建前，最好能找到原有厂房施工时的控制点，作为扩建与改建时进行控制测量的依据，但原有控制点必须与已有的吊车轨道及主要设备中心线联测，将实测结果提交设计部门。

原厂房控制点已不存在时，应按下列不同情况恢复厂房控制网：

（1）厂房内有吊车轨道时，应以原有吊车轨道的中心线为依据。

（2）扩建与改建的厂房内的主要设备与原有设备有联动或衔接关系时，应以原有设备中心线为依据。

（3）厂房内无重要设备及吊车轨道时，可以原有厂房柱子中心线为依据。

（二）进行工业建筑物放样

1. 工业建筑物放样要求

工业建筑物放样的工作主要包括：直线定向、在地面上标定直线并测设规定的长度、测设规定的角度和高程。进行工业建筑物施工放样应符合下列要求：

（1）工业建筑物放样是以一定的精度将设计的点位在地面上标定出来，在测图时，测量工作的精度应与测图的比例尺相适应，尽可能使测量中所产生的误差不大于相应比例尺的图解精度，而且要遵守下列关系式：

$$M = \delta m$$

式中 δ ——人眼在平面图上所能分辨的最小长度；

m ——平面图比例尺的分母。

（2）在建筑物放样时，在地面上标定建筑物每个点的绝对误差不取决于建筑物设计图的比例尺。

（3）建筑物的放样工作，应与施工的计划和进度配合。在进行放样以前，应当在建筑工地上妥善地组织测量工作。对于小型建筑物的放样工作通常由施工人员自己进行。对于建筑物结构复杂、放样精度要求较高的大、中型建筑物的放样工作应用精密的测量仪器，由经验丰富的测量工作者进行。

2. 工业建筑物放样精度

工业建筑物放样精度是一个重要的、基本的问题，常要进行深入、细致的研究：设计和施工部门，应根据其自己公布的精度标准和实践经验进行广泛的讨论。当设计和施工部门在规定某种建筑物的放样精度时，必须具有足够的科学依据。

在工业建筑物的设计过程中，其尺寸的精度分为建筑物主轴线对周围物体相对位置的精度和建筑物各部分对其主轴线的相对位置的精度两种。

（1）建筑物主轴线对周围物体相对位置的精度

建筑物的位置在技术上与经济上的合理性，与其所在地区的地面情况有密切的关系。因此，在选择建筑物的地点前，要进行一系列综合性的技术经济调查。

当建筑物布置在现有建筑物中间时，可能会遇到各种情况：如建筑物轴线的方向应平行于现有建筑物，并且离开最近建筑物要有规定的距离；也可能要求在实地上定出建筑物的主轴线，这样会给测量工作者的实际工作带来很多困难。为了进行此项工作，必须预先拟定放样方案并进行计算。在这种情况下，轴线放样的精度取决于控制点相互位置的精度。

（2）建筑物各部分对其主轴线的相对位置的精度

建筑物各部分对其主轴线相对位置的精度取决于表5-2中各类因素的影响。

表5-2　建筑物各部分对其主轴线的相对位置的精度的决定因素

序号	决定因素	分析内容
1	建筑物各元素尺寸的精度	在设计过程中，建筑物各个元素的尺寸和建筑物各部分相互间的位置，可以用不同的方法求得，如进行专门的计算、根据标准图设计或者用图解法进行设计等，其中：（1）专门计算所求得的尺寸精度最高；（2）根据标准图设计时，建筑物各部分的尺寸精度达到0.5~1.0 cm；（3）用图解法设计时，所求得的尺寸精度较低
2	建造建筑物的材料	建造建筑物所用的材料对于放样工作的精度具有很大的影响。例如，土工建筑物的尺寸精度是难以做到很精确的。因此，确定这些建筑物的轴线位置和外廓尺寸的精度要求是不高的。对于由木料和金属材料建造的建筑物，其放样精度较高。对于由砖石和混凝土建造的建筑物，其放样精度居中
3	建筑物所处的位置	空旷地面上的建筑物，往往较处在其他建筑物中间的建筑物精度要求低。对于城市里的建筑物通常要求较高的放样精度
4	建筑物之间有无传动设备	工业建筑物中往往有连续生产用的传动设备，这些设备是在工厂中预先造好而运到施工现场进行安装的。显然，要在现场安装具有这种设备的建筑物，其相对位置及大小必须精确地进行放样，否则将会给传动设备的安装带来困难
5	建筑物的大小	建筑物的尺寸决定放样的相对精度，通常随着建筑物的尺寸的增加而提高，并且总是成正比例的增加，这是为了保证点位的绝对精度
6	施工程序和方法	新的施工方法大部分的工作都是平行进行的，通常是将预制的建筑物构件在工地上进行安装。显然，旧有的逐步施工方法，其放样的精度是不高的，因为后面建造的建筑物各部分的尺寸，可以根据前面已采用的尺寸来确定。而同时施工时，建筑物各部分的尺寸相互影响，这就要求较高的放样精度
7	建筑物的用途	永久性建筑物比临时性建筑物在建造和表面修饰上要仔细，因此，这些建筑物放样的精度也要提高
8	美学上的理由	美学上的考虑也常影响放样的精度。有些建筑物，在施工过程中，它对放样的精度并不要求很高，可是为了某种美学上的理由往往要求提高放样精度

（三）进行工业建筑物结构施工测量

1. 混凝土杯形基础施工测量

混凝土杯形基础施工测量的方法及步骤如下。

（1）柱基础定位

柱基础定位是根据工业建筑平面图，将柱基纵、横轴线投测到地面上去，并根据基础图放出柱基挖土边线。

（2）基坑抄平

基坑开挖后，当快要挖到设计标高时，应在基坑的四壁或者坑底边沿及中央打入小木桩，在木桩上引测同一高程的标高，以便根据标高拉线修整坑底和打垫层。

（3）支立模板

打好垫层后，应根据已标定的柱基定位桩在垫层上放出基础中心线，作为支模板的依据。支模上口还可由坑边定位桩直接拉线，用吊垂球的方法检查其位置是否正确。然后在模板的内表面用水准仪引测基础面的设计标高，并画出标明。在支杯底模板时，应注意使实际浇筑出来的杯底顶面比原设计的标高略低 3~5 cm，以便拆模后填高修平杯底。

（4）杯口中心线投点与抄平

①杯口中心线投点。柱基拆模后，应根据矩形控制网上柱中心线端点，用经纬仪把柱中心线投到杯口顶面，并绘标志标明。中心线投点有以下两种方法：

方法一：将仪器安置在柱中心线的一个端点，照准另一端点而将中心线投到杯口上。

方法二：将仪器置于中心线上的合适位置，照准控制网上柱基中心线两端点，采用正倒镜法进行投点。

②杯口中心线抄平。为了修平杯底，须在杯口内壁测设某一标高线，该标高线应比基础顶面略低 3~5cm。其与杯底设计标高的距离为整分米数，以便根据该标高线修平杯底。

2. 钢柱基础施工测量

（1）柱基础定位

钢柱基础定位的方法与上述混凝土杯形基础"柱基础定位"的方法相同。

（2）基坑抄平

钢柱基础基坑抄平的方法与上述混凝土杯形基础"基坑抄平"的方法相同。

（3）垫层中线投点的抄平

①垫层中线投点。垫层混凝土凝结后，应在垫层面上进行中心线点投测，并根据中心线点弹出墨线，绘出地脚螺栓固定架的位置。

投测中线时经纬仪必须安置在基坑旁，然后照准矩形控制网上基础中心线的两端点。

用正倒镜法,先将经纬仪中心导入中心线内,而后进行投点。

②垫层中心线抄平。在垫层上绘出螺栓固定架的位置后,即在固定架外框四角处测出四点标高,以便用来检查并整平垫层混凝土面,使其符合设计标高,以便于固定架的安装如基础过深,从地面上引测基础底面标高,标尺不够长时,可采取挂钢尺法。

(4)固定架中心线投点与抄平

①固定架的安置。固定架是指用钢材制作,用以固定地脚螺栓及其他埋件设件的框架。根据垫层上的中心线和所画的位置将其安置在垫层上,然后根据在垫层上测定的标高点,借以找平地脚,使其与设计标高符合。

②固定架抄平。固定架安置好后,用水准仪测出四根横梁的标高,以检查固定架标高是否符合设计要求。固定架标高满足要求后,将固定架与底层钢筋网焊牢,并加焊钢筋支撑。若系深坑固定架,在其脚下需浇灌混凝土,以使其稳固。

③中心线投点。在投点前,应对矩形边上的中心线端点进行检查,然后根据相应两端点,将中心线投测于固定架横梁上,并刻绘标志。

(5)地脚螺栓的安装与标高测量

安装地脚螺栓时,应根据垫层上和固定架上投测的中心点把地脚螺栓安放在设计位置。为了测定地脚螺栓的标高,在固定架的斜对角处焊两根小角钢,在两角钢上引测同一数值的标高点,并刻绘标志,其高度应比地脚螺栓的设计高度稍低一些。然后在角钢上两标点处拉一细钢丝,以定出螺栓的安装高度。待螺栓安好后,测出螺栓第一丝扣的标高。

(6)支立模板与混凝土浇筑

①支立模板。钢柱基础支立模板的方法与上述混凝土杯形基础"支立模板"的方法相同。

②混凝土浇筑。重要基础在浇筑混凝土的过程中,为了保证地脚螺栓位置及标高的正确,应进行看守观测,如发现变动应立即通知施工人员及时处理。

(7)安放地脚螺栓

钢柱基础施工时,为节约钢材,采用木架安放地脚螺栓,将木架与模板连接在一起,在模板与木架支撑牢固后,即在其上投点放线。地脚螺栓安装以后,检查螺栓第一丝扣标高是否符合要求,合格后即可将螺栓焊牢在钢筋网上。因木架稳定性较差,为了保证质量,模板与木器必须支撑牢固,在浇筑混凝土的过程中必须进行看守观测。

3. 混凝土柱基础、柱身与平台施工测量

当基础、柱身到上面的每层平台,采用现场捣制混凝土的方法进行施工时,配合施工要进行的测量工作如下。

（1）基础中心投点及标高测设

基础混凝土凝固拆模后，应根据控制网上的柱子中心线端点，将中心线投测在靠近柱底的基础面上，并在露出的钢筋上抄出标高点，以供在支柱身模板时定柱高及对正中心之用。

（2）柱子垂直度测量

柱身模板支好后，用经纬仪对柱子的垂直度进行检查。柱子垂直度的检查一般采用平行线投点法，其施测步骤如下：

第一步：在柱子模板上端根据外框量出柱中心点，和柱下端的中心点相连弹以墨线。

第二步：根据柱中心控制点 A、B 测设 AB 的平行线 $A'B'$，其间距为 $1\sim1.5m$。

第三步：将经纬仪安置于 B' 点，照准 A'，由一人在柱上持木尺，并将木尺横放，使尺的零点水平地对正模板上端中心线。

第四步：转动望远镜，仰视木尺，若十字丝正好对准 1 m 或 1.5 m 处，则柱子模板正好垂直，否则应将模板向左或向右移动，达到十字丝正好对准 1m 或 1.5m 处。

通视条件差，不宜采用平行线法进行柱垂直度检查时，可先按上法校正一排或一列首末两根柱子，中间的其他柱子可根据柱行或列间的设计距离丈量其长度加以校正。

（3）柱顶及平台模板抄平

柱子模板校正以后，应选择不同行列的两、三根柱子，用钢尺从柱子下面已测好的标高点沿柱身向上量距，引测两、三个同一高程的点于柱子上端模板上。然后在平台模板上设置水准仪，以引上的任一标高点作后视，施测柱顶模板标高，再闭合于另一标高点以资校核。平台模板支好后，必须用水准仪检查平台模板的标高和水平情况。

（4）高层标高引测与柱中心线投点

第一层柱子及平台混凝土浇筑好后，应将中心线及标高引测到第一层平台上，用钢尺根据柱子下面已有的标高点沿柱身量距向上引测。

向高层柱顶引测中心线的方法一般是将仪器安置在柱中心线端点上，照准柱子下端的中心线点，仰视向上投点（图5-7）。

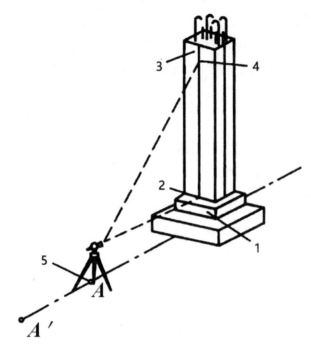

图 5-7　柱中心线投点

1—柱子下端标高点；2—柱子下端中心线投点；

3—柱上端标高点；4—柱上端中心线投点；5—柱中心线控制点

标高引测及中线投点的测设容差见表 5-3。

表 5-3　标高引测及中心线投点的测设容差

项目		容差/mm
标高测量		±5
以中心线投点	投点高度≤5 m	±3
	投点高度>5 m	5

4. 柱子安装测量

（1）柱子安装测量的基本要求

安装柱子时应保证平面与高程位置符合设计要求，柱身垂直，测量时应符合下列要求：

①柱子中心线应与相应的柱列中心线一致，其允许偏差为±5 mm。

②牛腿顶面及柱顶面的实际标高应与设计标高一致，其允许偏差为：当柱高≤5 m 时应不大于±5 mm；当柱高>5m 时应不大于±8 mm。

③柱身垂直允许误差：当柱高≤10 m 时应不大于10mm；当柱高超过 10m 时，限差为

柱高的 1‰，且不超过 20 mm。

（2）柱子安装时的测量工作

①弹出柱基中心线和杯口标高线。根据柱列轴线控制桩，用经纬仪将柱列轴线投测到每个杯形基础的顶面上，弹出墨线，当柱列轴线为边线时，应平移设计尺寸，在杯形基础顶面上加弹出柱子中心线，作为柱子安装定位的依据。根据±0.000 标高，用水准仪在杯口内壁测设一条标高线，标高线与杯底设计标高的差应为一个整分米数，以便从这条线向下量取，作为杯底找平的依据。

②弹出柱子中心线和标高线。在每根柱子的三个侧面，用墨线弹出柱身中心线，并在每条线的上端和接近杯口处，各画一个红"▶"标志，供安装时校正使用。从牛腿面起，沿柱子四条棱边向下量取牛腿面的设计高程，即±0.000 标高线，弹出墨线，画上红"▼"标志，供牛腿面高程检查及杯底找平用。

③柱子垂直校正测量。进行柱子垂直校正测量时，应将两架经纬仪安置在柱子纵、横中心轴线上，且距离柱子约为柱高的 1.5 倍的地方，如图 5-8 所示，先照准柱底中心线，固定照准部，再逐渐仰视到柱顶，若中心线偏离十字丝竖丝，表示柱子不垂直，可指挥施工人员采用调节拉绳、支撑或敲打楔子等方法使柱子垂直。经校正后，柱的中心线与轴线偏差不得大于±5mm；柱子垂直度容许误差为 H/1000，当柱高在 10m 以上时，其最大偏差不得超过±20 mm；柱高在 10 m 以内时，其最大偏差不得超过±10 mm。满足要求后，要立即灌浆，以固定柱子的位置。

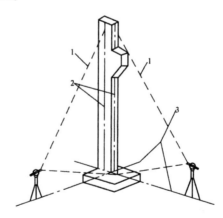

图 5-8　柱子垂直校正测量

1—经纬仪视线；2—柱子中心线；3—杯形基础顶面中心线

5. 吊车梁安装测量

吊车梁安装测量的目的是保证吊车梁中心线位置和标高满足设计要求。

（1）吊车梁安装时的中心线测量

根据工业厂房控制网或柱中心轴线端点，在地面上定出吊车梁中心线控制桩，然后用经纬仪将吊车梁中心线投测到每根柱子牛腿上，并弹以墨线，投点误差为±3 mm。吊装时使吊车梁中心线与牛腿上中心线对齐。

①用墨线弹出吊车梁面中心线和两端中心线。

②根据厂房中心线和设计跨距，由中心线向两侧量出 1/2 跨距，在地面上标出轨道中心线。

③分别安置经纬仪于轨道中心线的两个端点上，瞄准另一端点，固定照准部，抬高望远镜，将轨道中心线投测到各柱子的牛腿面上。

④安装时，根据牛腿面上轨道中心线和吊车梁端头中心线，两线对齐将吊车梁安装在牛腿面上，并利用柱子上的高程点，检查吊车梁的高程。

（2）吊车梁安装时的标高测量

吊车梁顶面标高应符合设计要求。根据±0.000 标高线，沿柱子侧面向上量取一段距离，在柱身上定出牛腿面的设计标高点，作为修平牛腿面及加垫板的依据，同时在柱子的上端比梁顶面高 5~10 cm 处测设一标高点，据此修平梁顶面。

6. 吊车轨道安装测量

吊车轨道安装测量的目的是保证轨道中心线和轨顶标高符合设计要求。

（1）吊车轨道安装时的中心线测量

吊车轨道安装时中心线的测量有以下两种方法：

①用平行线法测设轨道中心线。用平行线法测设轨道中心线如图 5-9 所示，具体操作步骤如下：

第一步：在地面上沿垂直于柱中心线的方向 AB 和 $A'B'$ 各量一段距离 AC 和 $A'C'$，令

$$AC = A'C' = l + 1$$

式中 l ——柱列中心线到吊车轨道中心线的距离。

因此，CC' 即与吊车轨道中心线相距 1 m 的平行线。

第二步：在 C 点安置经纬仪，瞄准 C'，抬高望远镜向上投点。一人在吊车梁上横放一支 1m 长的木尺，指使木尺一端在视线上，则另一端即轨道中心线的位置，并在梁面上画线表明。

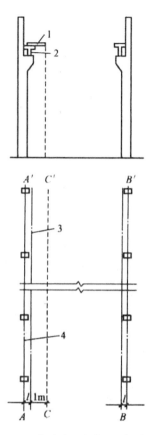

图 5-9　吊车轨道中心线的测设

1—木尺；2—吊车梁；3—吊车轨中心；4—柱中心线。

第三步：重复第二步的操作，定出轨道中心线其他各点。

②根据吊车梁两端投测中心线测定轨道中心线。

具备步骤如下：

第一步：根据地面上柱子中心线控制点或工业厂房控制网点，测出吊车梁（吊车轨道）中心线点。

第二步：根据中心线点用经纬仪在厂房两端的吊车梁面上各投一点，两条吊车梁共投四点。投点容差为±2 mm。第三步：用钢尺丈量两端所投中心线点的跨距是否符合设计要求，如超过±5 mm，则以实量长度为准予以调整。

第四步：将仪器安置于吊车梁一端中心线点上，照准另一端点，在梁面上进行中心线投点加密，每隔18~24m加密一点。如梁面狭窄，不能安置三脚架，应采用特殊仪器架安置仪器。

（2）吊车轨道安装时的标高测量

吊车轨道中心线点测定后，应安放轨道垫板。此时，应根据柱子上端测设的标高点，测出垫板标高，使其符合设计要求，以便安装轨道。梁面垫板标高的测量容许偏差为±2 mm。

（3）吊车轨道检查测量

吊车轨道在吊车梁上安装好以后，必须检查轨道中心线是否成一直线、轨道跨距及轨顶标高是否符合设计要求。对检测结果要进行记录，作为竣工资料提出。吊车轨道检查测量内容及要求见表5-4。

表 5-4　吊车轨道检查测量内容及要求

项目	检查方法	容差要求/mm
轨道中心线（加密点）投点	置经纬仪于吊车梁上，照准预先在墙上或屋架上引测的中心线两端点，用正倒镜法将仪器中心移至轨道中心线上，而后每隔18m投测一点，检查轨道的中心是否在一直线上	±2
轨道跨距	在两条轨道对称点上，用钢尺精密丈量其跨距尺寸，将实测值与设计值比较	±3～±5
轨道安装标高	根据在柱子上端测设的标高点（水准点）检查轨顶标高。在两轨接头处各测一点，中间每隔6 m测一点	±2

7. 钢结构工程安装测量

钢结构工程安装测量的内容见表5-5。

表 5-5　钢结构工程安装测量的内容

序号	项目	内容
1	平面控制	建立施工控制网对高层钢结构施工是极为重要的。控制网离施工现场不能太近，应考虑到钢柱的定位、检查和校正
2	高程控制	高层钢结构工程标高测设极为重要，其精度要求高，故施工场地的高程控制网，应根据城市二等水准点来建立一个独立的三等水准网，以便在施工过程中直接应用，在进行标高引测时必须先对水准点进行检查。三等水准高差闭合差的容许误差应达到±$3\sqrt{n}$（mm），其中，n为测站数
3	轴线位移校正	任何一节框架钢柱的校正，均以下节钢柱顶部的实际中心线为准，使安装的钢柱的底部对准下面钢柱的中心线即可。因此，在安装的过程中，必须时时进行钢柱位移的监测，并将实测的位移量根据实际情况加以调整

序号	项目	内容
4	定位轴线检查	定位轴线从基础施工起就应引起重视，必须在定位轴线测设前做好施工控制点及轴线控制点，待基础浇筑混凝土后再根据轴线控制点将定位轴线引测到柱基钢筋混凝土底板面上，然后预检定位轴线是否同原定位线重合、闭合，每根定位线总尺寸误差值是否超过限差值，纵、横网轴线是否垂直、平行。预检应由业主，监理、土建、安装四方联合进行，对检查数据要统一认可鉴证
5	标高实测	以三等水准点的标高为依据，对钢柱柱基表面进行标高实测，将测得的标高偏差用平面图表示，作为临时支承标高块调整的依据
6	柱间距检查	柱间距检查是在定位轴线认可的前提下进行的，一般采用检定的钢尺实测柱间距。柱间距偏差值应严格控制在±3 mm 范围内，绝不能超过±5mm。若柱间距超过±5 mm，则必须调整定位轴线
7	单独柱基中心检查	检查单独柱基的中心线同定位轴线之间的误差，若超过限差要求，应调整柱基中心线使其同定位轴线重合，然后以柱基中心线为依据，检查地脚螺栓的预埋位置

（四）进行工业管道工程施工测量

1. 管道工程施工测量的内容

管道工程施工测量的内容见表5-6。

表 5-6　管道工程施工测量的内容

序号	项目	内容
1	收集资料	收集规划设计区域 1：10000（或 1：5000）、1：2000（或 1：1000）地形图以及原有管道平面图和断面图等资料
2	规划与纸上定线	利用已有地形图，结合现场勘察，进行规划和纸上定线
3	地形图测绘	根据初步规划的线路，实地测量管线附近的带状地形图。如该区域已有地形图，需要根据实际情况对原有地形图进行修测
4	管道中心线测量	根据设计要求，在地面上定出管道中心线的位置
5	纵、横断面图测量	测绘管道中心线方向和垂直于中心线方向的地面高低起伏情况
6	管道施工测量	根据设计要求，将管道敷设于实地所需进行的测量工作
7	管通竣工测量	将施工后的管道位置，通过测量绘制成图，以反映施工质量，并作为使用期间维修、管理以及今后管道扩建的依据

2. 管道工程施工测量的准备工作

（1）熟悉设计图纸资料，弄清管线布置及工艺设计和施工安装要求。

（2）熟悉现场情况，了解设计管线走向，以及管线沿途已有平面和高程控制点分布情况。

（3）根据管道平面图和已有控制点，并结合实际地形，作好施测数据的计算整理，并绘制施测草图。

（4）根据管道在生产上的不同要求、工程性质、所在位置和管道种类等因素，确定施测精度，如厂区内部管道比外部要求精度高；无压力的管道比有压力的管道要求精度高。

3. 管道中心线测量

管道中心线测量就是将已确定的管道位置测设于实地，并用木桩标定之。其内容包括管道主点的测设、管道中桩的测设、管线转向角的测量以及里程桩手簿的绘制等。

（1）管道主点的测设

①主点测设采集

测设管道主点时，根据管道设计所给的条件和精度要求，主点测设数据的采集可采用图解法或解析法两种方法。

图解法。图解法适用于管道规划设计图的比例尺较大，而且管道主点附近又有明显可靠的地物的情况，此方法受图解精度的限制，精度不高。

解析法。当管道规划设计图上已给出管道主点的坐标，而且主点附近又有控制点时，可用解析法来采集测设数据。

②主点测设工作的校核

主点测设后，由顶进行校核，校核主要分为以下两个步骤：

第一步：用主点的坐标计算相邻主点间的长度。

第二步：在实地量取主点间的距离，看其是否与算得的长度相符。

（2）管道中桩的测设

管道中桩的测设是指为测定管道的长度、进行管线中心线测量和测绘纵、横断面图，从管道起点开始，需沿管线方向在地面上设置整桩和加桩的工作。其中，整桩是指从起点开始按规定每隔一整数而设置的桩；加桩是指相邻整柱间管道穿越的重要地物处及地面坡度变化处要增设的桩。

为了便于计算，要对管道中桩按管道起点到该桩的里程进行编号，并用红油漆写在木桩侧面，如整桩号为 0+150，即此桩离起点 150 m（"+"号前的数为千米数），如加桩号为 2+182，即表示离起点距离为 2182 m。为了避免测设中桩错误，量距一般用钢尺丈量两次，精度为 1/1000。

对于不同的管道，其起点的规定不同（见表 5-7）。

表 5-7 不同管道的起点规定

序号	项目	起点规定
1	给水管道	以水源为起点
2	排水管道	以下游出水口为起点
3	煤气、热力管道	以乘气方向为起点
4	电力、电信管道	以电源为起点

（3）管线转向角的测量

管线转向角是指管道改变方向时，转变后的方向与原方向的夹角，转向角有左、右之分。管线转向角的测量步骤如下：

①盘左读数。安置经纬仪于点，盘左瞄准点，在水平度盘上读数，纵转望远镜瞄准点，并读数，两读数之差即转向角。

②盘右读数。对管线转向角进行校核时，先用盘右按上述盘左的观测方向再观测一次。

③测量结果。取盘左、盘右两次观测读数的平均值作为测量结果。

（4）里程桩手簿的绘制

里程桩是指管道中心线上的整桩和加桩。在中桩测量的同时，要在现场测绘管道两侧带状地区的地物和地貌，这种图称为里程桩手簿。里程桩手簿是绘制纵断面图和设计管道时的重要参考资料。

里程桩手簿的绘制应符合下列要求：

①测绘管道带状地形图时，其宽度一般为左、右各 20 m，如遇到建筑物，则需测绘到两侧建筑物，并用统一图式表示。

②测绘的方法主要用皮尺以交会法或直角坐标法进行。必要时也用皮尺配合罗盘仪以极坐标法进行测绘。

③当已有大比例尺地形图时，应充分予以利用，某些地物和地貌可以从地形图上摘取，以减少外业工作量，也可以直接在地形图上表示出管道中心线和中心线各桩位置及其编号。

4. 管道施工高程控制测量

为了便于管线施工时，引测高程及管线纵、横断面测量，应沿管线敷设临时水准点。水准点一般都选在旧建筑墙角、台阶和基岩等处。如无适当的地物，应提前埋设临时标桩作为水准点。

临时水准点应根据三等水准点敷设，其精度不得低于四等水准。临时水准点间距：自流管道和架空管道以 200m 为宜，其他管线以 300m 为宜。

5. 管道纵、横断面图的测绘

（1）管道纵断面图的测绘

①管道纵断面的测量

A. 布设水准点。为了保证全线高程测量的精度，在纵断面水准测量之前，应先沿线设置足够的水准点。水准点的布设应符合下列要求：

a. 当管道路线较长时，应沿管道方向每 1~2 km 设一个永久性水准点。

b. 在较短的管道上和较长的管道上的永久性水准点之间，每隔 300~500 m 设立一个临时水准点。

B. 纵断面的施测。纵断面水准测量一般以相邻两水准点为一测段，从一个水准点出发，逐点测量中桩的高程，再附合到另一水准点上，以资校核。纵断面水准测量的视线长度可适当放宽，一般情况下采用中桩作为转点，但也可另设。两转点间各桩的高程通常用仪高法求得。转点上的读数必须读至毫米，中间点读数可读至厘米。

②纵断面图的绘制

纵断面图的绘制一般在毫米方格纸上进行，具体绘制步骤如下：

第一步：在方格纸上的适当位置，绘出水平线。水平线以下各栏注记实测、设计和计算的有关数据，水平线上面绘管道的纵断面图。

第二步：根据水平比例尺，在管道平面图栏内，标明各里程桩的位置，在距离栏内注明各桩之间的距离，在桩号栏内标明各桩的桩号；在地面高程栏内注记各桩的地面高程。根据里程桩手簿绘出管道平面图。

第三步：在水平线上部，根据各里程桩的地面高程，按高程比例尺在相应的垂直线上确定各点的位置，再用直线连接相邻点，即得纵断面图。

第四步：根据设计要求，在纵断面图上绘出管道的设计线，在坡度栏内注记坡度方向，在坡度线之上注记坡度值，在线下注记该段坡度的距离。

（2）管道横断面图的测绘

①管道横断面的测量

测量管道横断面时，施测宽度应由管道的直径和埋深来确定，一般每侧为 20m。测量时，横断面的方向可用十字架定出。将小木桩或测钎插入地上，以标志地面特征点。特征点到管道中心线的距离用皮尺丈量。特征点的高程与纵断面水准测量同时施测，作为中间点看待，但分开记录。

②横断面图的绘制

在中心线各桩处，作垂直于中心线的方向线，测出该方向线上各特征点距中心线的距离和高程，根据这些数据绘制断面图，这就是横断面图。横断面图表示管线两侧的地面起伏情况，供设计时计算土方量和施工时确定开挖边界之用。

管道横断面图一般在毫米方格纸上绘制，绘制要求如下：

A. 绘制时，以中心线上的地面点为坐标原点，以水平距离为横坐标，以高程为纵坐标。

B. 为了计算横断面的面积和确定管道开挖边界的需要，其水平比例尺和高程比例尺应相同。

6. 地下管道施工测量

（1）地下管线调查

①地下管线调查，可采用对明显管线点的实地调查、对隐蔽管线点的探查、疑难点位开挖等方法确定管线的测量点位。对需要建立地下管线信息系统的项目，还应对管线的属性做进一步的调查。

②隐蔽管线点探查的水平位置偏差 ΔS 和埋深较差 ΔH，应分别满足下式要求：

$$\Delta S \leqslant 0.10 \times h$$

$$\Delta H \leqslant 0.15 \times h$$

式中 h ——管线埋深（cm），当 $h<100$cm 时，按 100 cm 计。

③管线点宜设置在管线的起止点、转折点、分支点、变径处、变坡处、交叉点、变材点、出（入）地口、附属设施中心点等特征点上；管线直线段的采点间距，图上宜为 10~30 cm；隐蔽管线点应明显标识。

④地下管线的调查项目和取舍标准宜根据委托方要求确定，也可依管线疏密程度、管径大小和重要性按表 5-8 确定。

表 5-8　地下管线调查项目和取舍标准

管线类型		埋深		断面尺寸		材质	取舍要求	其他要求
		外顶	内底	管径	宽×高			
给水		*	－	*	－	*	内径≥50mm	
排水	管道	－	*	*	－	*	内径≥200 mm	注明流向
	方沟	－	*	－	*	*	方沟断面≥300 mm×300 mm	
燃气		*	－	*	－	*	干线和主要支线	注明压力

管线类型		埋深		断面尺寸		材质	取舍要求	其他要求
		外顶	内底	管径	宽×高			
热力	直埋	*	–	–	–	*	干线和主要支线	注明流向
	沟道	–	*	–	–	*	全测	
工业管道	自流	–	*	*	–	*	工艺流程线不测	
	压力	*	–	*	–	*		自流管道注明流向
电力	直埋	*	–	–	–	–	电压≥380 V	注明电压
	沟道	–	*	–	*	*	全测	注明电缆根数
通信	直埋	*	–	*	–	–	干线和主要支线	
	管块	*	–	–	*	–	全测	注明孔数

注：1. * 为调查或探查项目。

　2. 管道材质主要包括：钢、铸铁、钢筋混凝土、混凝土、石棉水泥、陶土、PVC 塑料等。沟道材质主要包括砖石、管块等。

⑤在明显管线点上，应查明各种与地下管线有关的建（构）筑物和附属设施。

⑥对隐蔽管线的探查，应符合下列规定：

A. 探查作业，应按仪器的操作规定进行。

B. 作业前，应在测区的明显管线点上进行比对，确定探查仪器的修正参数。

C. 对于探查有困难或无法核实的疑难管线点，应进行开挖验证。

⑦对隐蔽管线点探查结果，应采用重复探查和开挖验证的方法进行质量检验，并分别满足下列要求：

A. 重复探查的点位应随机抽取，点数不宜少于探查点总数的5%，并分别按以下公式计算隐蔽管线点的平面位置中误差 m_H 和埋深中误差 m_V，其数值不应超过限差的1/2：

$$m_H = \sqrt{\frac{[\Delta S_i \Delta S_i]}{2n}}$$

$$m_{\text{V}} = \sqrt{\frac{[\Delta H_i \Delta H_i]}{2n}}$$

式中 ΔS_i ——复查点位与原点位间的平面位置偏差（cm）；

$\quad\quad \Delta H_i$ ——复查点位与原点位的埋深较差（cm）；

$\quad\quad n$ ——复查点数。

B. 开挖验证的点位应随机抽取，点数不宜少于隐蔽管线点总数的 1%，且不应少于 3 个点。

（2）地下管线信息系统

地下管线信息系统可按城镇大区域建立，也可按居民小区、校园、医院、工厂、矿山、民用机场、车站、码头等独立区域建立，必要时还可按管线的专业功能类别如供油、燃气、热力等分别建立。

①地下管线信息系统的功能

地下管线信息系统应具有以下基本功能：

A. 地下管线图数据库的建库、数据库管理和数据交换。

B. 管线数据和属性数据的输入和编辑。

C. 管线数据的检查、更新和维护。

D. 管线系统的检索查询、统计分析、量算定位和三维观察。

E. 用户权限的控制。

F. 网络系统的安全监测与安全维护。

G. 数据、图表和图形的输出。

H. 系统的扩展功能。

②地下管线信息系统的建立

地下管线信息系统的建立应包括以下内容：

A. 地下管线图库和地下管线空间信息数据库。

B. 地下管线属性信息数据库。

C. 数据库管理子系统。

D. 管线信息分析处理子系统。

E. 扩展功能管理子系统。

（3）地下管线施测

①施测程序

管道开挖中心线与施工控制桩的测设。地下管道开挖中心线及施工控制桩的测设是根据管线的起止点和各转折点，测设管线沟的挖土中心线，一般每 20m 测设一点。

中心线的投点允许偏差为±10 mm。量距的往返相对闭合差不得大于1/2000。管道中心线定出以后，就可以根据中心线位置和槽口开挖宽度，在地面上洒灰线标明开挖边界。在测设中心线时，应同时定出井位等附属构筑物的位置。由于管道中心线桩在施工中要被挖掉，为了便于恢复中心线和附属构筑物的位置，应在不受施工干扰、易于保存桩位的地方，测设施工控制桩。管线施工控制桩分为中心线控制桩和井位等附属构筑物位置控制桩两种。中心线控制桩一般是测设在主点中心线的延长线点。井位控制桩则测设于管道中心线的垂直线上。控制桩可采用大木桩，钉好后必须采取适当的保护措施。

高程测量。欲测管道高程即各坡度顶板的高程。坡度顶板又称为龙门板，在每隔10m或20m槽口上设置一个坡度顶板，以在施工中控制管道中心线和位置，掌握管道设计高程的标志。坡度顶板必须稳定、牢固，其顶面应保持水平。用经纬仪将中心线位置测设到坡度顶板上，钉上中心钉，安装管道时，可在中心钉上悬挂垂球，以确定管道中心线的位置。以中心钉为准，放出混凝土垫层边线、开挖边线及沟底边线。

为了控制管槽开挖深度，应根据附近水准点测出各坡度顶板的高程。管底设计高程可在横断面设计图上查得。坡度顶板与管底设计高程之差称为下返数。由于下返数往往非整数，而且各坡度顶板的下返数都不同，施工检查时很不方便。为了使一段管道内的各坡度顶板具有相同的下返数（预先确定的下返数），为此，可按下式计算每一坡度顶板向上或向下量取的调整数：

调整数=预先确定下返数-（板顶高程-管底设计高程）

②测量允许偏差

自流管的安装标高或底面模板标高每10 m测设一点（不足时可加密），其他管线每20 m测设一点。管线的起止点、转折点、窨井和埋设件均应加测标高点。各类管线安装标高和模板标高的测量允许偏差应符合表5-9的规定。

管线的地槽标高，可根据施工程序，分别测设挖土标高和垫层面标高，其测量允许偏差为±10 mm。

地槽竣工后，应根据管线控制点投测管线的安装中心线或模板中心线，其投点允许偏差为±5 mm。

表 5-9　管线标高测量允许偏差

管线类别	标高测量允许偏差/mm
自流管（下水道）	±3
气体压力管	±5
液体压力管	±10
电缆地沟	±10

7. 架定管线施工测量

（1）管架基础施工测量

管架基础中心桩可根据起止点和转折点测设，其直线投点的容差为±5mm，基础间距丈量的容差为 1/2000。

管架基础中心桩测定后，一般采用十字线法或平行基线法进行控制，即在中心桩位置沿中心线和中心线垂直方向打四个定位桩，或在基础中心桩一侧测设一条与中心线平行的轴线。管架基础控制桩应根据中心桩测定。

（2）支架安装测量

安装管道支架时，应配合施工，进行柱子垂直校正和标高测量工作，其方法、精度要求均与厂房柱子安装测量相同。管道安装前，应在支架上测设中心线和标高。

8. 顶管施工测量

当管道穿越铁路、公路或重要建筑时，为了避免施工中大量的拆迁工作和保证正常的交通运输，往往不允许开沟槽，而采用顶管施工的方法。顶管施工中测量工作的主要任务，是掌握管道中心线方向、高程和坡度。

（1）顶管测量的准备工作

顶管测量的各项准备工作见表 5-10。

表 5-10　顶管测量的各项准备工作

序号	项目	操作方法
1	设置顶管中线桩	根据设计图上管线的要求，在工作坑的前、后钉立中心线控制桩，然后确定开挖边界。开挖到设计高程后，将中心线引到坑壁上，并钉立大钉或木桩，此桩称为顶管中线桩，以标定顶管中心线的位置
2	设置临时水准点	为了控制管道按设计高程和坡度顶进，需要在工作坑内设置临时水准点。一般要求设置两个，以便相互检核

序号	项目	操作方法
3	安装导轨	导轨一般安装在方木或混凝土垫层上。垫层面的高程及纵坡都应当符合设计要求，根据导轨宽度安装导轨，根据顶管中线桩及临时水准点检查中心线和高程，无误后，将导轨固定

（2）顶管施工中心线测量

如图 5-10 所示，通过顶管中线桩拉一条细线，并在细线上挂两垂球，两垂球的连线即管道方向。在管内前端横放一木尺，尺长等于或略小于管径，使它恰好能放在管内。木尺上的分划是以尺的中央为零向两端增加的。将尺子在管内放平，如果两垂球的方向线与木尺上的零分划线重合，则说明管子中心在设计管线方向上；如不重合，则管子有偏差。其偏差值可直接在木尺上读出，若读数超过±1.5 cm，则需要对管子进行校正。

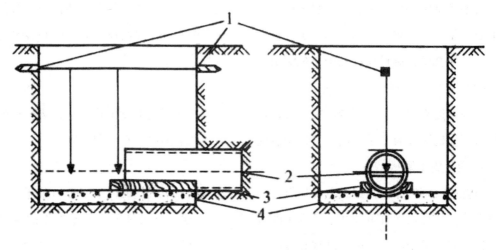

图 5-10　顶管施工中线测量

1—顶管中线柱；2—木尺；3—导轨；4—垫层

（3）顶管施工高程测量

顶管施工高程测量应符合下列要求：

①水准仪安置在工作坑内，以临时水准点为后视，以顶管内待测点为前视。将算得的待测点高程与管底的设计高程比较，其差数超过±1cm 时，需要校正管子。

②在顶进过程中，每 0.5 m 进行一次中心线和高程测量，以保证施工质量。

③对于长距离顶管，需要分段施工，每 100 m 设一个工作坑，采用对向顶管施工方法，在贯通时，管子错口不得超过 3 cm。

④有时顶管工程采用套管，此时顶管施工精度要求可适当放宽。

⑤对于距离较长、直径较大的顶管，并且采用机械化施工的时候，可用激光水准仪进行导向。

9. 管道竣工测量

管道工程竣工图包括竣工带状平面图和管道竣工断面图两方面内容。

（1）竣工带状平面图

竣工带状平面图主要对管道的主点、检查井位置以及附属构筑物施工后的实际平面位置和高程进行测绘。图上除标有各种管道位置外，还根据资料在图上标有：检查井编号、检查井顶面高程和管底（或管顶）的高程，以及井间的距离和管径等内容。对于管道中的阀门、消火栓、排气装置和预留口等，应用统一符号标明。

（2）管道竣工断面图

管道竣工断面图测绘一定要在回填土前进行，测绘内容包括检查井口顶面和管顶高程，管底高程由管顶高程和管径、管壁厚度算得。对于自流管道应直接测定管底高程，其高程中误差不应大于±2cm；井间距离应用钢尺丈量。如果管道互相穿越，在断面图上应表示出管道的相互位置，并注明尺寸。

（五）进行机械设备安装测量

1. 设备基础控制网的设置

（1）内控制网的设置

设备基础内控制网的设置应根据厂房的大小与厂内设备的分布情况而定，主要包括两方面内容（见表5-11）。

表5-11　内控制网设置的内容

序号	项目	内容
1	中小型设备基础内控制网的设置	内控制网的标志一般采用在柱子上预埋标板，然后将柱中线投测于标板之上，以构成内控制网
2	大型设备基础内控制网的设置	大型连续生产设备基础中心线及地脚螺栓组中心线很多，为便于施工放线，将槽钢水平地焊在厂房钢柱上，然后根据厂房矩形控制网，将设备基础主要中心线的端点投测于槽钢上，以建立内控制网

（2）线板的架设

对于大型设备基础，有时需要与厂房基础同时施工。因此，不可能设置内控制网，而采用在靠近设备基础的周围架设钢线板或木线板的方法。

①钢线板的架设。架设钢线板时，采用预制钢筋混凝土小柱子作固定架，在浇灌混凝土垫层时，将小柱子埋设在垫层内。首先在混凝土柱上焊以角钢斜撑，再以斜撑上铺焊角

钢作为线板。最好靠近设备基础的外模，这样可依靠外模的支架顶托，以增加稳固性。

②木线板的架设。木线板可直接支架在设备基础的外模支撑上，支撑必须牢固稳定。在支撑上铺设截面为 1~5 cm×10 cm 表面刨光的木线板。为了便于施工人员拉线来安装螺栓，木线板的高度要比基础模板高 5~6 cm，同时纵、横两方向的高度必须相差 2~3 cm，以免挂线时纵、横两钢丝在相交处相碰。

2. 设备安装基准线和基准点的确定

（1）检查施工单位移交的基础或结构的中心线（或安装基准线）与标高点。

（2）根据已校正的中心线与标高点，测出基准线的端点和基准点的标高。

（3）根据所测的或前一施工单位移交的基准线和基准点，检查基础或结构的相关位置、标高和距离等是否符合安装要求。平面位置安装基准线与基础实际轴线（如无基础时则与厂房墙或柱的实际轴线或边缘线）的距离偏差不得超过±20 mm。如核对后需调整基准线或基准点，应根据有关部门的正式决定调整之。

3. 基坑开挖与设备基础放线

（1）基坑开挖

安装设备时，基坑开挖多采用机械挖土，测量要求如下：

①根据厂房控制网或场地上其他控制点测定挖土范围线，其测量容许偏差为±5 cm。

②标高根据附近水准点测设，容许偏差为±3 cm。

③在基坑挖土中应经常配合检查挖土标高，挖土竣工后，应实测挖土面标高，测量容许偏差为±2 cm。

（2）设备基础底层放线

设备基础底层放线包括坑底抄平与垫层中心线投点两项工作，测设成果供施工人员安装固定架、地脚螺栓及支模时使用。

（3）设备基础上层放线

设备基础上层放线主要包括固定架设点、地脚螺栓安装抄平及模板标高测设等。需要说明的是，对于大型设备，其地脚螺栓很多，而且大小类型和标高不一，为保证地脚螺栓的位置和标高都符合设计要求，必须在施测前绘制地脚螺栓图。地脚螺栓图可直接从原图上描下来。若此图只供给检查螺栓标高用，上面只需绘出主要地脚螺栓组中心线，地脚螺栓与中心线的尺寸关系可以不注明，只将同类的螺栓分区编号，并在图旁附绘地脚螺栓标高表，注明螺栓号码、数量、螺栓标高及混凝土面标高。

4. 设备标高基准点设置

（1）简单的标高基准点作为独立设备安装基准点。可在设备基础或附近墙、柱上的适当部位处分别用油漆画上标记，然后根据附近水准点（或其他标高起点）用水准仪测出各标记的具体数值，并标明在标记附近。其标高的测定允许偏差为±3 mm，安装基准点多于一个时，其任意两点间高差的允许偏差为1mm。

（2）预埋标高基准点。在连续生产线上安装设备时，应用钢制标高基准点，可将直径为19~25mm、杆长不小于50mm的铆钉，牢固地埋设在基础表面（应在靠近基础边缘处，不能在设备下面），铆钉的球形头露出基础表面10~14 mm。

埋设位置距离被测设备上有关测点越近越好，并且应在容易测量的地方。相邻安装基准点高差的误差应在0.5 mm以内。

根据"相关知识"中的学习内容，在实际测量工作中，设置设备基础控制网，确定设备安装基准线和基准点，进行基坑开挖与设备基础放线，设置设备标高基准点。

凡工业厂房或连续生产系统工程，均应建立独立矩形控制网，作为施工放样的依据。

工业厂房控制网测设前的准备工作主要包括：制定测设方案、计算测设数据和绘制测略图。工业建筑物放样是根据工业建筑物的设计，以一定的精度将其主要轴线和大小转移到实地上去，并将其固定起来。工业建筑物放样的工作主要包括：直线定向、在地面上标定直线并测设规定的长度、测设规定的角度和高程。

第二节　路线工程测量

线状工程如公路、铁路、隧道、河道、输电线路、输油管道、供气管道等进行平面和纵、横断面设计与施工时所进行的测量工作称为路线工程测量，简称路线测量。线状工程的中线称为路线，路线工程是长宽比很大的工程，其特点是总体长度呈延伸状态并有方向改变，路线的宽度比长度小，通常宽度有所限制而长度则视需要而定。本节主要以道路工程的测量为例来对路线工程测量做简单介绍。

一、初测及定测阶段的测量工作

道路按功能不同，分为城市道路、城镇之间的公路、工矿企业的专用道路以及为农业生产服务的农村道路，由此组成全国道路网。道路的路线以平、直较为理想，实际由于地形及其他原因的限制，为了选择一条经济、合理的路线，必须进行路线勘测。路线勘测分为初测和定测。

初测阶段的任务是：在指定范围内布设导线，测量各方案的路线带状地形图和纵断面图，收集沿线水文、地质等有关资料，为图纸上定线、编制比较方案等初步设计提供依据。定测阶段的任务是：在选定方案的路线上进行中线测量、纵断面测量、横断面测量以及局部地区的大比例尺地形图测绘等，为路线纵坡设计、工程测量计算等道路技术设计提供详细的测量资料。初测和定测工作称为路线勘测设计测量。

（一）概述

道路工程在勘测设计、施工建造和运营管理各阶段中所进行的测量工作总称为道路工程测量，也称为路线测量。路线测量在勘测设计阶段是为道路工程的各设计阶段提供充分、详细的地形资料；在施工建造阶段，是将道路中线及其构筑物按设计要求的位置、形状和规格，准确测设于地面；在运营管理阶段，是检查、监测道路的运营状态，并为道路上各种构筑物的维修、养护、改建、扩建提供资料。道路工程测量的主要任务包括以下几方面。

（1）控制测量：根据道路工程的需要，进行平面控制测量和高程控制测量；

（2）地形图测绘：根据设计需要，实地测量道路附近的带状地形图；

（3）中线测量：按照设计要求将道路位置测设于实地；

（4）纵、横断面图测绘：测定道路中心线方向和垂直于中心线方向的地面高低起伏情况，并绘制纵、横断面图；

（5）施工测量：按照设计要求和施工进度及时放样各种桩点作为施工依据。此外，有些道路工程还需进行竣工测量、变形观测等。

桥梁工程测量主要包括桥位勘测和桥的施工测量两个部分。前者是根据勘测资料选出最优的桥址方案和做出经济合理的设计。城市立交桥和高架道路则主要决定于城市的道路规划和受制于城市原有的建（构）筑物。后者施工测量，就是要根据设计图纸在复杂的施工现场和复杂的施工过程中，保证施工质量达到设计要求的平面位置、标高和几何尺寸。

（二）初测阶段的测量工作

初测是根据勘测设计任务书，对方案研究中确定的一条主要道路及有价值的比较道路，结合现场实际情况予以标定，沿线测绘大比例尺带状地形图并收集地质、水文等方面的资料，供初步设计使用。道路初测中的测量工作主要包括：选点插旗、导线测量、高程测量、带状地形图测绘。

1. 选点插旗

根据方案研究阶段在已有地形图上规划的道路位置，结合实地情况，选择道路交点和转点的位置并插旗，标出道路走向和大概位置，为导线测量及各专业调查指出行进方向。选点插旗是一项十分重要的工作，一方面要考虑道路的基本方向，另一方面要考虑导线测量、地形测量的要求。

2. 导线测量

初测导线是测绘道路带状地形图和定线、放线的基础，导线应全线贯通。导线的布设一般是沿着大旗的方向采用附合导线的形式，导线点位尽可能接近道路中线位置，在桥隧等工点还应增设加点，相邻点位间距以 50~400m 为宜，相邻边长不宜相差过大。采用全站仪或光电测距仪观测导线边长时，导线点的间距可增加到 1000 m，但应在不长于 500 m处设置加点。当采用光电导线传递高程时，导线边长宜在 200~600 m 之间。

铁路和公路初测导线的水平角观测，习惯上均观测导线右角，应使用不低于 DJ6 型经纬仪或精度相同的全站仪观测一个测回。两半测回间角值较差的限差：DJ2 型仪器为 15″，DJ6 型仪器为 30″，在限差以内时取平均值作为导线转折角。

导线的边长测量通常采用光电测距，相邻导线点间的距离和竖直角应往返观测各一测回，距离一测回读数 4 次，边长采用往测平距，返测平距仅用于检核。检核限差为 2 $\sqrt{2}m_D$ m。m_D 为仪器标称精度。采用其他测距方法时，精度要求为 1/2000。

由于初测导线延伸很长，为了检核导线的精度并取得统一坐标，必须设法与国家平面控制点或 GPS 点进行联测。一般要求在导线的起、终点及每延伸不远于 30 km 处联测一次。

当联测有困难时，应进行真北观测，以限制角度测量误差的累积。

当前，随着测量仪器设备的发展，在铁路和公路道路平面控制测量中，初测导线越来越多地使用 GPS 和全站仪配合施测。从起点开始沿道路方向直至终点，每隔 5 km 左右布设 GPS 对点（每对 GPS 点间距三四百米），在 GPS 对点之间按规范要求加密导线点，用全站仪测量相邻导线点间的边长和角度，之后使用专用测量软件，进行导线精度校核及成果计算，最终获得各初测导线点的坐标。若条件允许，在对点之间的导线点，也可全部使用 RTK 施测。

3. 高程测量

初测高程测量的任务：一是沿道路布设水准点构成道路的高程控制网；二是测定导线点和加桩的高程，为地形测绘和专业调查使用。初测高程测量通常采用水准测量或光电测距三角高程测量方法进行。

（1）水准点高程测量

道路高程系统宜采用国家高程基准。水准点应沿线布设，一般间距为 1~2 km，并设在距道路中心线一定范围内，每延伸不远于 30 km 处应与国家水准点或相当于国家等级的水准点联测，构成附合水准路线。采用水准测量时，以一组往返观测或两组并测的方式进行；采用光电测距三角高程测量时，可与平面导线测量合并进行，导线点应作为高程转点，高程转点之间及转点与水准点之间的距离和竖直角必须往返观测。

（2）导线点高程测量

在水准点高程测量完成后，进行导线点与加桩的高程测量。无论采用水准测量还是光电测距三角高程测量方法，测量路线均应起闭于水准点，导线点必须作为转点（转点高程取至 mm，加桩高程取至 cm）。水准测量时，采用单程观测；光电测距三角高程测量时，只需单向测量；其中距离和竖直角可单向正镜观测两次，也可单向观测一测回。

若采用光电测距三角高程测量方法，同时进行水准点高程测量、导线点与中桩高程测量，导线点与中桩高程测量宜在水准点高程测量的返测中进行。

4. 带状地形图测绘

道路的平面和高程控制建立之后，即可进行带状地形图测绘。测图常用比例尺有 1：1000、1：2000、1：5000，应根据实际需要选用。测图宽度应满足设计的需要，一般情况下，平坦地区为导线两侧各 200~300m，丘陵地区为导线两侧各 150~200 m。测图方法可采用全站仪数字化测图、经纬仪测图等。

（三）定测阶段的测量工作

初测与初步设计之后开始进行道路的定测与施工设计等工作。定测阶段的主要测量工作是中线测量和纵横断面测量。中线测量的任务是把带状地形图上设计好的道路中线测设到地面上，并用木桩标定出来。中线测量包括定线测量和中桩测设。定线测量就是把图纸上设计中线的各交点间直线段在实地上标定出来，也就是把道路的交点、转点测设到地面上；中桩测设则是在已有交点、转点的基础上，详细测设直线和曲线，即在地面上详细钉出中线桩。

1. 道路的平面线形及桩位标志

（1）道路的平面线形

道路中线的平面线型由直线、圆曲线和缓和曲线组成，其中圆曲线是一段圆弧，其曲率半径在该段圆弧中是定值，缓和曲线是一段连接直线与圆曲线的过渡曲线，其曲率半径从无穷大渐变为圆曲线半径。

（2）里程、里程桩、中线桩

里程是指道路中线上点位沿中线到起点的水平距离。里程桩指钉设在道路中线上注有里程的桩位标志。里程桩上所注的里程也称为桩号，以公里数和公里以下的米数相加表示，若里程为 1234.56m，则该桩的桩号记为 K1+234.56。里程桩设在道路中线上，又称中线桩，简称中桩。

中桩分为整桩和加桩。整桩是由道路的起点开始，每隔 10m，20m 或 50m 的整倍数桩号设置的里程桩，其中里程为整百米的称百米桩，里程为整公里的称公里桩。加桩分为地形加桩、地物加桩、曲线加桩和关系加桩。地形加桩是在中线地形变化处设置的桩；地物加桩是在中线上桥梁、涵洞等人工构造物处以及与其他地物交叉处设置的桩；曲线加桩是在曲线各主点设置的桩；关系加桩是在转点和交点上设置的桩。所有中桩中，对道路位置起控制作用的桩点可视为中线控制桩，通常直线上的控制桩有交点桩（JD）和转点桩（ZD），曲线上的控制桩有直圆点（ZY）和圆直点（YZ）、直缓点（ZH）和缓直点（HZ）、缓圆点（HY）和圆缓点（YH）、曲中点（QZ）。

钉设中桩时，所有控制桩点均使用方桩，将方桩钉至与地面齐平，顶面钉一小钉精确表示点位，在距控制桩点约30 cm处还应钉设指示桩（板桩），指示桩上应写明该桩的名称和桩号，字面朝向方桩，直线上钉设在道路前进方向的左侧，曲线上钉设在曲线外侧。除控制桩外，其他中桩一般不设方桩，通常使用板桩，直接钉设在点位上并露出地面20～30 cm，桩顶不需要钉小钉，在朝向道路起点的一侧桩面上写明桩号。

2. 交点和转点的测设

定线测量中，应先测设出交点。当相邻两交点间互不通视或直线段较长时，需要在其连线上测定一个或几个转点，以便在交点测量转向角和直线量距时作为照准和定线的目标。直线上一般每隔200～300 m设一转点，在道路与其他道路交叉处以及需要设置桥涵等处，也要设置转点。

测设交点和转点时，先根据设计图纸求出交点、转点的测量坐标（或者通过计算机直接在数字化地形图上点击获得交点、转点的测量坐标），之后再根据交点、转点、导线点的坐标计算出采用极坐标法放样的有关角度和距离值，外业测设时，将全站仪安置在导线点上，瞄准另一导线点定向，测设出交点、转点。

计算出交点、转点的测量坐标后，也可使用RTK施测。

二、道路纵横断面测量

中线测量将设计道路中线的平面位置标定在实地上之后，还需进行道路纵横断面测量，为施工设计提供详细资料。

（一）道路纵断面测量

道路纵断面测量，就是测定中线各里程桩的地面高程，绘制道路纵断面图，供道路纵向坡度、桥涵位置、隧道洞口位置等的设计之用。

纵断面测量一般分两步进行：一是高程控制测量，又称基平测量，即沿道路方向设置水准点并测量水准点的高程；二是中桩高程测量，又称中平测量，即根据基平测量设立的水准点及其高程，分段进行测量，测定各里程桩的地面高程。

1. 基平测量

基平测量水准点的布设应在初测水准点的基础上进行。先检核初测水准点，尽量采用初测成果，对于不能再使用的初测水准点或远离道路的点，应根据实际需要重新设置。在大桥、隧道口及其他大型构造物两端还应增设水准点。定测阶段基平测量水准点的布设要求和测量方法均与初测水准点高程测量中的相同。

2. 中平测量

中平测量是测定中线上各里程桩的地面高程，为绘制道路纵断面提供资料。道路中桩的地面高程，可采用水准测量的方法或光电测距三角高程测量的方法进行观测。无论采用何种方法，均应起闭于水准点，构成附合水准路线，路线闭合差的限差为 $50\sqrt{L}$ mm（L 为附合路线的长度，以 km 为单位）。

（1）水准测量方法

中平测量一般是以两相邻水准点为一测段，从一个水准点出发，逐个测定中桩的地面高程，直至附合于下一个水准点上。施测时，在每一个测站上首先读取后、前两转点的尺上读数，再读取两转点间所有中间点的尺上读数。转点尺应立在尺垫、稳固的桩顶或坚石上，尺读数至毫米，视线长不应大于 150m；中间点立尺应紧靠桩边的地面，读数可至厘米，视线也可适当放长。

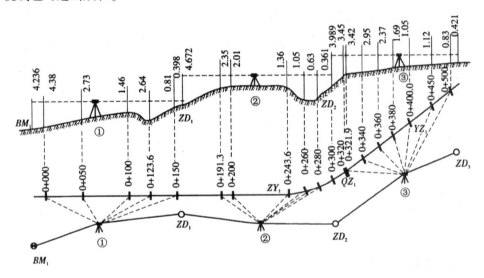

图 5-11　中平测量

如图 5-11 所示，将水准仪安置于①站，后视水准点 BM_1，前视转点 ZD_1，观测 BM_1 与 ZD_1 间的中间点 K0+000、+050、+100、+123.6、+150，将读数记入中视栏；再将仪器搬至②站，后视转点 ZD_1、前视转点 ZD_2，然后观测各中间点 K0+191.3、+200、+243.6、+260、+280，将读数分别记入后视、前视和中视栏；按上述方法继续往前测，直至闭合

于水准点 BM_2，完成一测段的观测工作。

每一测站的各项计算依次按下列公式进行：

视线高程=后视点高程+后视读数，

转点高程=视线高程-前视读数，

中桩高程=视线高程-中视读数。

各站记录后，应立即计算出各点高程，每一测段记录后，应立即计算该段的高差闭合差。若高差闭合差超限，则应返工重测该测段；若 $f_h \leqslant f_{h容} = \pm 50\sqrt{L}$ mm，施测精度符合要求，则不需进行闭合差的调整，中桩高程仍采用原计算的各中桩点高程。一般中桩地面高程允许误差，对于铁路、高速公路、一级公路为 ± 5 cm，其他道路工程为 ± 10 cm。

（2）光电测距三角高程测量方法

在两个水准点之间，选择与该测段各中线桩通视的一导线点作为测站，安置好全站仪或测距仪，量仪器高并确定反射棱镜的高度，观测气象元素，预置仪器的测量改正数并将测站高程、仪器高及反射棱镜高输入仪器，以盘左位置瞄准反射镜中心，进行距离、角度的一次测量并记录观测数据，之后根据光电测距三角高程测量的单方向测量计算两点间高差，从而获得所观测中桩点的高程。

为保证观测质量，减少误差影响，中平测量的光电边长宜限制在 1 km 以内。另外，中平测量亦可利用全站仪在放样中桩同时进行，它是在定出中桩后利用全站仪的高程测量功能随即测定中桩地面高程。

3. 纵断面图的绘制

道路纵断面图以中桩的里程为横坐标、其高程为纵坐标进行绘制。常用的里程比例尺有 1：5000，1：2000，1：1000 几种，为了明显表示地面的起伏，一般取高程比例尺为里程比例尺的 10~20 倍。

通常纵断面图的绘制步骤如下：

（1）打格制表。按照选定的里程比例尺和高程比例尺打格制表，根据里程按比例标注桩号，按中平测量成果填写相应里程桩的地面高程，用示意图表示道路平面。

在道路平面中，位于中央的直线表示道路的直线段，向上或向下凸出的折线表示道路的曲线，折线中间的水平线表示圆曲线，两端的斜线表示缓和曲线，上凸表示道路右转，下凸表示路线左转。

（2）绘出地面线。首先选定纵坐标的起始高程，使绘出的地面线位于图上适当位置。为便于绘图和阅图，通常是以整米数的高程标注在高程标尺上。然后根据中桩的里程和高程，在图上依次点出各中桩的地面位置，再用直线将相邻点连接就得到地面线。

（二）道路横断面测量

道路横断面测量，就是测定中线各里程桩两侧一定范围的地面起伏形状并绘制横断面图，供路基等工程设计、计算土石方数量以及边坡放样等用。

横断面的方向，在直线段是中线的垂直方向，在曲线段是道路切线的垂线方向。

1. 横断面测量的密度、宽度

横断面测量的密度，应根据地形、地质及设计需要确定，一般除施测各中桩处横断面外，在大、中桥头、隧道洞口、高路堤、深路堑、挡土墙、站场等工程地段和地质不良地段，应适当加大横断面的测绘密度。

横断面测量的宽度，根据道路宽度、填挖高度、边坡大小、地形情况以及有关工程的特殊要求而定，应满足路基及排水设计的需要。

2. 横断面测量的方法

横断面测量的实质，是测定横断面方向上一定范围内各地形特征点相对于中桩的平距和高差。根据使用仪器工具的不同，横断面测量可采用水准仪皮尺法、经纬仪视距法、全站仪法等。

（1）水准仪皮尺法

此法适用于地势平坦且通视良好的地区。使用水准仪施测时，以中桩为后视，以横断面方向上各变坡点为前视，测得各变坡点与中桩间高差，水准尺读数至厘米，用皮尺分别量取各变坡点至中桩的水平距离，量至分米位即可。在地形条件许可时，安置一次仪器可测绘多个横断面。

（2）经纬仪视距法

此法适用于地形起伏较大、不便于丈量距离的地段。将经纬仪安置在中桩上，用视距法测出横断面方向各变坡点至中桩的水平距离和高差。

（3）全站仪法

此法适用于任何地形条件。将仪器安置在道路附近任意点上，利用全站仪的对边测量功能可测得横断面上各点相对于中桩的水平距离和高差。

3. 横断面图的绘制

横断面图的水平比例尺和高程比例尺相同，一般采用 1：200 或 1：100。绘图时，先将中桩位置标出，然后分左、右两侧，依比例按照相应的水平距离和高差，逐一将变坡点标在图上，再用直线连接相邻各点，即得横断面地面线。

三、道路施工测量

道路施工测量的主要任务，是按设计要求和施工进度，及时测设作为施工依据的各种桩点。其主要内容包括：道路施工复测、路基放样、路面放样。

（一）道路施工复测

由于定测以后往往要经过一段时间才进行施工，定测时所钉设的某些桩点难免丢失或被移动，因此在道路施工开始之前，必须检查、恢复全线的控制桩和中线桩，进行复测。施工复测的工作内容、方法、精度要求与定测的基本相同。

施工复测的主要目的是检验原有桩点的准确性，而不是重新测设。经过复测，凡是与原来的成果或点位的差异，在允许的范围时，一律以原有的成果为准，不作改动。当复测与定测成果不符值超出允许范围时，应多方寻找原因，如确属定测资料错误或桩点发生移动，则应改动定测成果，且改动尽可能限制在局部的范围内。复测与定测成果的不符值的限差如下：

交点水平角：高速及一级公路为±20″，二级及以下公路为±60″，铁路为±30″；

转点点位横向差：每100m不应大于5mm，当点间距离超过400 m时，最大点位误差应小于20 mm；

中桩高程限差为±10 cm。

施工复测后，中线控制桩必须保持正确位置，以便在施工中经常据以恢复中线。因此，复测过程中还应对道路各主要桩撅（如交点、直线转点、曲线控制点等）在土石方工程范围之外设置护桩。护桩一般设置两组，连接护桩的直线宜正交，测量困难时交角不宜小于60″，每组护桩不得少于3个。根据中线控制桩周围的地形条件等，护桩按图5-12所示的形式进行布设。对于地势平坦、填挖高度不大、直线段较长的地段，可在中线两侧一定距离处，测设两排平行于中线的施工控制位，如图5-13所示。

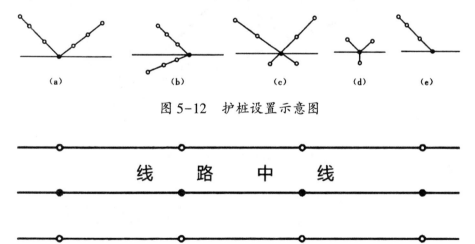

图5-12　护桩设置示意图

图5-13　平行法护桩

（二）路基放样

1. 路基边桩的测设

路基边桩测设就是在地面上将每一个横断面的路基边坡线与地面的交点用木桩标定出来。边桩的位置由两侧边桩至中桩的距离来确定。边桩测设的方法很多，常用的有图解法和解析法。

（1）图解法

在地势比较平坦的地段，如果横断面测绘精度较高，可以在路基横断面设计图上直接量取中桩到边桩的水平距离，然后到实地在横断面方向用皮尺量距进行边桩放样。

（2）解析法

①平坦地段路基边桩的测设。

填方路基称为路堤，挖方路基称为路堑，如图 5-14（a）、（b）所示。

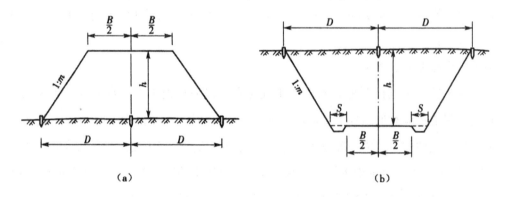

图 5-14　路堤、路堑

（a）路堤（b）路堑

路堤边桩至中桩的距离为：

$$D = B/2 + mh$$

路堑边桩至中桩的距离为：

$$D = B/2 + S + mh$$

式中 B ——路基设计宽度；

　　S ——路堑边沟顶宽；

　　$1:m$ ——路基边坡坡度；

　　h ——填土高度或挖土深度。

以上是横断面位于直线段时求算 D 值的方法。若横断面位于曲线上有加宽时，在按上面公式求出 D 值后，在曲线内侧的 D 值中还应加上加宽值。

②倾斜地段路基边桩的测设。

在倾斜地段，边桩至中桩的距离随着地面坡度的变化而变化。逐点趋近法测设边桩，需要在现场边测边算，有经验后试测一两次即可确定边桩位置。逐点趋近法测设边桩，若使用全站仪，利用其对边测量功能，可同时获得估计位置与中桩的高差和水平距离，较之使用尺子量距、水准仪测高差的测设速度快，并且可以任意设站，一测站测设多个边桩，工作效率较高。

2. 路基边坡的测设

边桩测设后，为保证路基边坡施工按设计坡率进行，还应将设计边坡在实地上标定出来。

（1）边坡样板法

边坡样板按设计坡率制作，可分为活动式和固定式两种。固定式样板常用于路堑边坡的放样，设置在路基边桩外侧的地面上。活动式样板也称活动边坡尺，它既可用于路堤，又可用于路堑的边坡放样。

（2）插杆法

机械化施工时，宜在边桩外插上标杆以表明坡脚位置，每填筑 2~3 m 后，用平地机或人工修整边坡，使其达到设计坡度。

3. 路基高程的测设

根据道路附近的水准点，在已恢复的中线桩上，用水准测量的方法求出中桩的高程，在中桩和路肩边上竖立标杆，杆上画出标记并注明填挖尺寸，在填挖接近路基设计高时，再用水准仪精确标出最后应达到的标高。

机械化施工时，可利用激光扫平仪来指示填挖高度。

4. 路基竣工测量

路基土石方工程完成后应进行竣工测量。竣工测量的主要任务是最后确定道路中线的位置，同时检查路基施工是否符合设计要求，其主要内容有：中线测设、高程测量和横断面测量。

（1）中线测设

首先根据护桩恢复中线控制桩并进行固桩，然后进行中线贯通测量。在有桥涵、隧道的地段，应从桥隧的中线向两端贯通。贯通测量后的中线位置，应符合路基宽度和建筑限界的要求。中线里程应全线贯通，消灭断链。直线段每 50m、曲线段每 20 m 测设一桩，还要在平交道中心、变坡点、桥涵中心等处以及铁路的道岔中心测设加桩。

（2）高程测量

全线水准点高程应该贯通，消灭断高。中桩高程测量按复测方法进行。路基面实测高程与设计值相差应不大于 5 cm，超过时应对路基面进行修整，使之符合要求。

（3）横断面测量

主要检查路基宽度、边坡、侧沟、路基加固和防护工程等是否符合设计要求。横向尺寸误差均不应超过 5 cm。

（三）路面放样

公路路基施工之后，要进行路面的施工。公路路面放样是为开挖路槽和铺筑路面提供测量保障。

在道路中线上每隔 10 m 设立高程桩，由高程桩起沿横断面方向各量出路槽宽度一半的长度 $b/2$，钉出路槽边桩，在每个高程桩和路槽边桩上测设出铺筑路面的标高，在路槽边桩和高程桩旁钉桩（路槽底桩），用水准仪抄平，使路槽底桩桩顶高程等于槽底的设计标高。

为了顺利排水，路面一般筑成中间高两侧低的拱形，称为路拱。路拱通常采用抛物线型，如图 5-15 所示。将坐标系的原点 O 选在路拱中心，横断面方向上过 O 点的水平线为 x 轴、铅垂线为 y 轴，由图可见，当 $x = b/2$ 时，$y = f$，代入抛物线的一般方程式 $x^2 = 2py$ 中，可解出 y 值为：

$$y = \frac{4f}{b^2} \cdot x^2$$

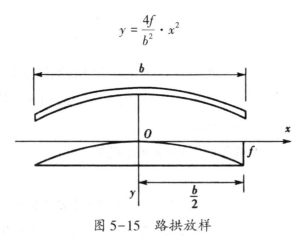

图 5-15　路拱放样

式中 b ——铺装路面的宽度；

f ——路拱的高度；

x ——横距，代表路面上点与中桩的距离；

y ——纵距，代表路面上点与中桩的高差。

在路面施工时，量得路面上点与中桩的距离按上式求出其高差，据以控制路面施工的高程。公路路面的放样，一般预先制成路拱样板，在放样过程中随时检查。铺筑路面高程放样的允许误差，碎石路面为 ±1 cm，混凝土和沥青路面为 3mm，操作时应认真细致。

第六章 管道、桥梁和隧道工程测量

第一节 管道工程测量

一、管道工程测量概述

管道包括给水、排水、煤气、暖气、电缆、通信、输油、输气等管道。管道工程测量是为各种管道的设计和施工服务的。它的任务有两个方面：一是为管道工程的设计提供地形图和断面图；二是按设计要求将管道位置标定于实地。管道工程测量的工作内容包括下列各项：

（1）准备资料。收集规划设计区域的 1：10000（或 1：5000）、1：2000（或 1：1000）地形图以及原有管道平面图、断面图等资料；

（2）图上定线。利用已有地形图，结合现场勘察，进行规划和图上定线；

（3）地形图测绘。根据初步规划的线路，实地测量管线附近的带状地形图，如该区域已有地形图，则需要根据实际情况对原有地形图进行修测；

（4）管道中线测量。根据设计要求，在地面上定出管道的中心线位置；

（5）纵、横断面图测量。测绘管道中心线方向和垂直中心线方向的地面高低起伏情况；（6）管道施工测量。根据设计要求，将管道敷设于实地所需进行的测量工作；（7）管道竣工测量。将施工后的管道位置，通过测量绘制成图，以反映施工质量，并作为使用期间维修、管理以及今后管道扩建的依据。

测量工作必须采用城市或厂区的同一坐标和高程系统，严格按设计要求进行，并要做到"步步有校核"，这样才能保证施工质量。

二、管道中线测量

测设管道中线测量的任务是将设计管道中心线的位置在地面测设出来。中线测量的内容有主点、测定中线转折角、测设里程桩。

1. 测设主点

管道的起点、交点（转折点）、终点称为管道的三个主点。主点的位置及管道方向是设计时给定的，管道方向一般与道路中心线或大型建筑物轴线平行或垂直。

在测设中线时，应先定出中线的转折点，这些转折点称为交点（包括起点和终点），用 JD 表示，它是中线测量的控制点。

在定线测量中，当相邻两交点互不通视或直线较长时，需要在其连线或延长线上测定一点或数点，以供交点、测角、量距或延长直线瞄准使用，这样的点称为转点，用 ZD 表示。

2. 测定中线转折角

中线由一个方向偏转为另一方向时，偏转后的方向与原方向延长线的夹角称为转折角，又称转角或偏角，用 α 表示。转折角有左、右之分。当偏转后的方向位于原方向右侧时，称右转角 α_R；当偏转后的方向位于原方向左侧时，称左转角 α_L。在中线测量中，习惯上通过观测中线的右角 β 计算转角 α。右角 β 的观测角常用 DJ6 按测回法观测一测回，当 $\beta < 180°$ 时为右转角，当 $\beta > 180°$ 时为左转角。右转角和左转角的计算公式为

$$\alpha_R = 180° - \beta$$
$$\alpha_L = \beta - 180°$$

3. 测设里程桩

（1）里程桩

里程桩也称中桩，分为整桩和加桩两种。桩上写有桩号（也称里程），表示该桩距路线起点的里程，如某加桩距路线起点的距离为 1366.50 m，其桩号为 K1+366.50。

①整桩。整桩是由路线起点开始，每隔 20 m 或 50 m 设置一桩，百米桩和公里桩均属于整桩。

②加桩。加桩分为地形加桩、地物加桩、曲线加桩和关系加桩。地形加桩是于中线上地面坡度变化处和中线两侧地形变化较大处设置的桩；地物加桩是在中线遇到河流、沟渠等人工构筑物处，以及与道路等相交处设置的桩；曲线加桩是在曲线的起点、中点、终点和细部点设置的桩；关系加桩是在转点和交点上设置的桩。

在书写曲线加桩和关系加桩时，应在桩号之前加写其缩写名称。

里程桩和加桩一般不钉中心钉，但在距线路起点每隔 500 m 的整倍数桩、重要地物加桩处钉中心钉。

（2）里程桩的钉设

钉设里程桩一般用经纬仪定向，距离丈量视精度要求而定，高速路用测距仪或全站仪；城镇规划路用钢尺丈量，精度应高于 1/3000；一般情况下用钢尺丈量，但其精度不得低于 1/1000。

桩号一般用红漆写在木桩朝向线路起始方向的一侧或附近明显地物上，字迹要工整、醒目。对重要里程桩（如交点桩等）应设置护桩，同时对里程桩和护桩要做好点之记工作．

（3）断链及其处理

如遇局部地段改线或分段测量，以及事后发现丈量或计算错误等，均会造成中线里程桩的不连续，即断链。桩号重叠的叫长链；桩号间断的叫短链。发生断链时，应在测量成果和有关设计文件中注明，并在实地钉断链桩，断链桩不要设在曲线内或建筑物上，桩上应注明线路来向去向的里程和应增减的长度。一般在等号前后分别注明来向、去向里程，如 1+856.43 = 1+900.00，即断链为 43.57m。

三、管道纵、横断面测量

1. 纵断面测量

管道纵断面测量要注意以下几点：

（1）有些管线（如下水管道）精度要求较高，容许闭合差为 $\pm5\sqrt{n}$ mm。

（2）在实测中，应特别注意做好与其他地下管线交叉的调查工作，要求准确测出管线交叉处的桩号、原有管线的高程和管径。

（3）管道纵断面图上部，要把本管线与旧管线交叉处的高程和管径，按比例绘在图上。

（4）由于管线起点方向不同，有时为了与线路地形图的注记方向一致，往往要倒展。

（5）纵断面图横向比例尺尽量与线路带状图比例一致。

下面就管道纵断面测量的步骤和方法进行详细说明。

线路的平面位置在实地测设之后，应测出各里程桩的高程，以便绘制表示沿线起伏情况的断面图和进行线路纵向坡度、新旧管道交汇位置的设计及土石方量计算。纵断面图的测量，是用水准测量的方法测出道路中线各里程桩的地面高程，然后根据里程桩号和测得相应的地面高程，按一定比例绘制成纵断面图。

铁路、公路、管道等线形工程在勘测设计阶段进行的水准测量，统称为线路水准测量。线路水准测量一般分两部分进行：一是在线路附近每隔一定距离设置一水准点，并按四等水准测量方法测定其高程，称为基平测量；二是根据水准点高程按图根水准测量要求测量线路中线各里程桩的高程，称中平测量。

（1）基平测量。水准点高程测量时首先应与国家高等级水准点联测，以获得绝对高程，然后按四等水准测量的方法测定各水准点的高程。在沿线水准测量中也应尽量与附近的国家水准点进行联测，作为校核。

（2）中平测量。中平测量又称中桩水准测量，测量时应起闭于水准点上，按图根水准测量精度要求沿中桩逐桩测量。在施测过程中，应同时检查中桩、加桩是否恰当，里程桩号是否正确，若发现错误和遗漏需进行补测。相邻水准点的高差与中桩水准测量检测的较差，不应超过2cm。实测中，由于中桩较多，且各桩间距一般均较小，因此可相隔几个桩设一测站，在每一测站上除测出转点的后视、前视读数外，还需测出两转点之间所有中桩地面的前视读数，读数到厘米，这些只有前视读数而无后视读数的中桩点，称为中间点。设计所依据的重要高程点位，如下水道井底等应按转点施测，读数到毫米。

中平测量记录是展绘管道中线纵断面图的依据。若设站点所测中间点较多，为防止仪器下沉，影响高程闭合，可先测转点高程。在与下一个水准点闭合后，应以原测水准点高程起算，继续施测，以免误差积累。

每一测站的各项高程按下列公式计算：

视线高程=后视点高程+后视读数

转点高程=视线高程－前视读数

中桩高程=视线高程－中视读数

（3）纵断面图的绘制。纵断面图是沿中线方向绘制的反映地面起伏和纵坡设计的线状图，它表示出各路段纵坡的大小和中线位置的填挖尺寸，是线路设计和施工中的重要文件资料。

纵断面图是以中桩的里程为横坐标、中桩的地面高程为纵坐标绘制的。展图比例尺中其里程比例尺应与线路带状地形图比例尺一致，高程比例尺通常是里程比例尺的10倍，如果里程比例尺为1：1000，则高程比例尺为1：100。

管道纵断面图的绘制方法如下：

①按照选定的里程比例尺和高程比例尺打格制表，填写里程桩号、地面高程、直线与曲线等资料。

②绘出地面线。首先选定纵坐标的起始高程，使绘出的地面线位于图中适当位置。然后根据中桩的里程和高程，在图上按纵、横比例尺依次点出各中桩的地面位置，再用直线将相邻点一个个连接起来，就得到地面线。在高差变化较大的地区，如果纵向受到图幅限制时，可在适当地段变更图上高程起算位置。

③根据设计纵坡计算设计高程和绘制设计线。

④计算各桩的填挖高度。同一桩号的设计高程与地面高程之差，即为该桩号的填挖高度，正号为填高，负号为挖深。

⑤在图上注记有关资料，如水准点、竖曲线等。

2. 横断面测量

若管道工程对横断面图精度要求较高，可利用测绘大比例尺地形图的方法，绘制横断面图。若管径较小，地面变化不大或埋管较浅，开挖边界较窄时，可不测量横断面，计算土方量时用中桩高程即可。

（1）横断面的测量方法。横断面施测的宽度应满足工程需要，一般要求在中线两侧各测 15~30 m。当用十字定向架定出横断面方向后，即可用下述方法测出。

①水准仪法。此法适用于施测断面较窄的平坦地区。安置水准仪后，以中桩地面高程为后视，以中线两侧横断面方向地面特征点为前视，读数到厘米，并用皮尺量出各特征点到中桩的水平距离，量到分米。观测时安置一次仪器一般可测几个断面。

②经纬仪法。采用经纬仪测量横断面，是将经纬仪安置于中线桩上，读取中线桩两侧各地形变化点视距和垂直角，计算各观测点相对中桩的水平距离与高差。此法适用于地形起伏变化大的山区。

③测杆皮尺法测量时将一根测杆立于横断面方向的某特征点上，另一根杆立在中桩上。用皮尺截于测杆的红白格数（每格 20 cm），即为两点的高差。同法连续地测出每两点间的水平距离与高差，直至需要的宽度为止，数字直接记入草图中。此法简便、迅速，但精度较低，适用于等级较低的公路测量。

（2）横断面图的绘制。

①建立坐标系。绘制横断面图时均以中桩地面坐标为原点，以平距为横坐标，高差为纵坐标，将各地面特征点绘在毫米方格纸上。

②确定比例尺。为了计算横断面面积和确定管道的填、挖边界，横断面的水平距离和高差的比例尺应是相同的，通常用 1∶100 或 1∶200。

③绘制方法。先在毫米方格上，由下而上以一定间隔定出各断面的中心位置，并注上相应的桩号和高程，然后根据记录的水平距离和高差，按规定的比例尺绘出地面上各特征点的位置，再用直线连接相邻点即绘出断面图的地面线，最后标注有关的地物和数据等。横断面图绘制简单，但工作量大，发现问题应即时纠正。

四、管道施工测量

1. 地下管道的定线测量

地下管道的定线测量主要是将设计管道中心线平面位置放样于地面，定出管道起、终及转折点（包括各井的中心）位置。方法有以下三种：

（1）利用控制点放样；

（2）利用与原有建筑物位置关系放样；

（3）做引点引线的方法进行放样；

2. 地下管道的施工测量

除对中心线进行检查验收外，地下管道的施工测量尚需做下列工作：

（1）设立控制桩。由于管道中心桩及井位中心桩在施工时要被挖掉，为了便于恢复中心线和其他附属构筑物的位置关系，应在不受施工干扰、引测方便并易于保存桩位的地方测设施工控制桩，包括中线控制桩和附属构筑物（包括井位中心）位置控制桩两种。

中线控制桩一般钉在管道中线的延长线上。井位控制桩是在垂直于中线的方向上钉出两个控制桩，一般设在槽口边外 0.5 m 处，最好是整米数。桩位多数是跨槽设置，也可同侧设置。

（2）加密临时水准点。为了便于施工中引测高程，应根据原有水准点加密临时水准点（每 100～150 m 一个），精度应满足设计要求。

（3）槽口放线。管道中线定出以后，就可根据中线位置、管径大小、埋设深度和土质情况，决定开槽宽度，并在地面上定出槽边线位置，作为开槽的依据。

（4）埋设坡度板。坡度板的作用类似于龙门板，是控制管道中线、高程及附属构筑物的基本标志，也是开挖管槽和埋设管道的放样依据。

坡度板的设置是跨槽埋设与地面平齐（或钉于地面），采用刨平的板方。当管道埋设不深时，可在刚开槽就设置；当管道须埋至>3.5 m 深度时，可在 2m 时埋设坡度板。坡度板一般每隔 10～15 m 埋设一块，检查井及三通等处应加设坡度板。若机械开挖，须待管槽挖完后埋设。如果坡度板埋设不方便，也可以在槽两边钉上与地面平齐的小木桩来进行控制。

坡度板埋好之后，应根据中线控制桩，用经纬仪将管道中心线投到坡度板上，钉上小钉，在小钉间连线，并在连线上挂垂线，就可将中线投至槽底，便于安装管道。

（5）放样坡度钉。由于地面起伏，各坡度板向下开挖深度不一致。为了掌握管底、槽底以及各基础面高程和坡度，一般在坡度板中心钉的一侧钉一个高程板，高程板侧面钉上无头的小钉，称坡度钉。利用水准仪，按坡度板及管底设计高程，放样出坡度钉在高程板上的位置。各坡度钉的连线为一条平行于槽底设计坡度线的直线，该直线距管底的距离为下返数，依据此线即可控制管道的安装高程和坡度。

放样坡度钉的方法很多，一般采用放样高程点的方法，即求得坡度板上面高程板所钉的钉子位置上前视尺应有的读数，也称"应读前视法"。放样步骤如下：

①后视水准点，求出视线高。

②选定下返数，一般为整米或整分米（1.5～2.0 m），计算出坡度钉的"应读前视"。

应读前视=视线高-（管底设计高程+下返数）

管底的设计高程可从纵断面图上查出，也可用已知点高程按坡度及距离推算而得。

③在坡度板上，沿高程板移动标尺，使之为应读前视；也可以测定坡度板顶面的前视读数，求出高程板上应钉小钉位置。

改正数=板顶前视−应读前视

式中，改正数为正时，向上量钉；改正数为负时，向下量钉。

钉好后应立尺检查，容许误差±2 mm。

④第一块坡度板上的坡度钉钉好后，即可按管道的设计坡度及坡度板间距推算出其他各坡度板上的应读前视，以上述方法放样出各板上的坡度钉。

为控制安装每节管道的坡度，可做成一个 T 形活动尺，使尺长为下返数。安装时让尺顶与坡度钉连线相切，尺底插入管底使其相切。

放样坡度钉时要注意检核，每测一段后应附合到另一水准点上。地面起伏较大的地方要分段选合适的下返数，并采用两个高程板，钉设两个坡度钉。为了施工方便，每块坡度板上应标出高程牌，下面是高程牌的一种形式。

0+419.6 高程牌

管底设计高程	46.951
坡度钉高程	48.851
坡度钉至管底设计	1.900
高坡度钉至基础面	1.930
坡度钉至槽底	2.030

3. 地下管道的施测精度

管线定位测量的平面控制精度：厂区内不得低于Ⅱ级；厂区外不得低于Ⅲ级。管线的起点、终点、转折点的定位容许误差见表 6-1。

表 6-1 管线的起点、终点、转折点的定位容许误差

测量内容	定位容差/mm
厂房内部管线	7
厂区内地上、地下管道	30
厂区外地下管道	200

管线沟挖土中心线的投点容许误差为±10 mm；量距往返相对闭合差不得大于1/2000。地槽竣工后，根据定位点所投测的误差不能大于±5mm。

管线的高程控制，一般不低于四等水准精度。地槽面及垫层面标高的容许误差为±10 mm。

各类管线安装标高容许误差见表 6-2。

表 6-2 各类管线安装标高容许误差

管线类别	标高容差/mm
自流管	±3
气体压力管	±5
液体压力管	±10
精尾矿管和电缆地物	±10

当有些管道坡度很小、管径很大时，要求不利用坡度板而直接利用水准点放样高程。

4. 地下管道的竣工测量

管道工程竣工后，在回填土前，为了如实反映施工成果、评定施工质量，以备将来与扩建、改建管道的连接和维护、检修，必须进行竣工测量。

地下管道的竣工测量主要内容是编绘竣工平面图和断面图。应实测管道起、终点及转折点和各井的中心坐标，并且施测出与建筑物或构筑物的关系位置，并在平面图上表示出来；还应注明管径及井的编号、井间距和井底、井沿或管底的设计标高。在断面图上应全面反映管道的高程位置及坡度、地面起伏形状。对于压力管道，除编制竣工图外，尚需敷设管道节头承受压力的试验资料等有关文件。

第二节 桥梁工程测量

一、桥梁工程测量概述

1. 测量内容

桥梁按其轴线长度一般分为小型桥（小于 30 m）、中型桥（30～100 m）、大型桥（100～500 m）、特大型桥（大于 500 m）；按平面形状可分为直线桥和曲线桥；按结构形式可分为简支梁桥、连系梁桥、拱桥、斜拉桥、悬索桥等。对于不同长度、不同类型的桥梁，桥梁施工测量的内容和方法也有所不同。

桥梁施工测量是把图纸上所设计的结构物的位置、形状、大小和高低，在实地进行标定，作为施工的依据。在桥梁施工的整个过程中，都需要通过施工测量来保证施工质量。施工测量的任务是精确地放样桥墩、桥台的位置和跨越结构的各个部分，并随时检查施工质量。一般来讲，对于中小型桥，可直接丈量桥台与桥墩之间的距离来进行放样，或者利用桥址勘测阶段的测量控制作为放样的依据；对于大型桥或特大型桥来说，利用勘察阶段的测量控制来进行放样一般不能满足要求，因而必须建立平面和高程控制网，作为放样工作的依据。概括起来，桥梁施工阶段的测量工作主要包括轴线长度测量、平面控制测量、高程控制测量、桥址地形及纵断面测量、墩台中心定位、墩台基础及其细部放样等。

2. 桥梁控制测量

平面控制测量和高程控制测量是桥梁控制测量的两个组成部分。桥梁控制测量的目的是确保桥梁轴线、墩台位置在平面和高程位置上符合设计的精度要求。按观测要素不同，桥梁控制网可以布设成三角网、边角网、精密导线网、GPS 网等，其中主要采用的布设形式为三角网。常用的三种桥梁三角网图形为双三角形、大地四边形和双大地四边形。

桥梁高程控制测量有两个作用：一是统一桥梁高程基准面；二是在桥址附近设立基本高程控制点和施工高程控制点，以满足施工中高程放样和监测桥梁墩台垂直变形的需要。桥梁高程测量一般采用水准测量的方法。水准点应埋设在桥址附近的安全稳定、便于观测之处，桥址两岸至少各设一个水准点。水准点的高程一般采用国家水准点高程，如相距太远，联测有困难时，可引用桥位附近其他单位的水准点，也可使用假定高程。跨河水准测量必须按照有关国家水准测量规范的规定，采用精密水准测量方法进行观测。

3. 墩、台中心定位

在桥梁施工测量中，测设墩、台中心位置的工作称为桥梁墩、台定位。桥梁的墩、台定位所依据的原始资料为桥址轴线控制桩的里程和桥梁墩、台的设计里程。根据里程可以算出墩、台之间的距离，由此定出墩、台的中心位置。

4. 地形测量

桥梁工程的地形测量有桥址地形测量、河床地形测量、桥轴线纵断面测量。桥址地形测量为桥梁设计提供 1：2000～1：500 的工点地形图。河床地形测量为桥梁设计提供河道水下地形图。河床地形测量又称为水下地形测量，其点位平面位置测量用经纬仪交会法、极坐标法和 GPS 技术等，河床深度测量方法有简单的铅垂法、回声探测法。桥轴线纵断面测量，在原理上与河床地形测量相同，不同的是沿桥轴线方向测量河床的平面距离及高程，最后沿桥轴线方向绘出桥轴线纵断面图。

二、桥轴线长度确定

在选定的桥梁中线上，于桥头两端埋设两个控制点，两控制点间的连线称桥轴线。为了保证墩、台定位的精度要求，首先需要估算出桥轴线长度需要的精度，以便合理地拟定测量方案。

1. 桥轴线长度所需精度估算

在《工程测量规范》中，根据梁的结构形式、施工过程中可能产生的误差，推导出下列估算公式：

（1）钢筋混凝土简支梁：

$$m_L = \pm \frac{\Delta_D}{\sqrt{2}} \sqrt{N}$$

式中 m_L ——桥轴线（两桥台间）长度 L 的中误差（mm）；

　　　Δ_D ——墩中心的点位放样限差（±10 mm）；

　　　N ——跨数。

（2）钢板梁及短跨（$l \leqslant 64$m）简支钢桁梁：

单跨：

$$m_L = \pm \frac{1}{2} \sqrt{\left(\frac{l}{5000}\right)^2 + \delta^2}$$

多跨等跨：

$$m_L = m_l \sqrt{N}$$

多跨不等跨：

$$m_L = \pm \sqrt{m_n^2 + m_n^2 + \cdots}$$

（3）连续梁及长跨（$l > 64$m）简支钢桁梁：

单联（跨）：

$$m_L = \pm \frac{1}{2} \sqrt{n\Delta_i^2 + \delta^2}$$

多联（跨）等联（跨）：

$$m_L = m_l \sqrt{N}$$

多联（跨）不等联（跨）：

$$m_L = \pm \sqrt{m_{l1}^2 + m_{ln}^2 + \cdots}$$

式中 m_l ——单跨长度中误差（mm）；

　　　l ——梁长；

　　　N ——联（跨）数；

　　　n ——每联（跨）节间数；

　　　Δ_i ——节间拼装限差（±2 mm）；

　　　δ ——固定支座安装限差；

　　　$l/5000$——梁长制造误差。

2. 桥轴线长度测量方法

直线桥或曲线桥的桥轴线长度可用光电测距仪或钢卷尺直接测定。

如果精度需要时或对于复杂特大桥，则应布置三角网或小三角网（如大地四边形），进行平面控制测量，这时桥轴线长度的精度估算还应考虑利用三角点交会墩位的误差影响。

三、桥位控制测量

桥位控制测量的目的，就是要建立保证桥梁轴线（即桥梁的中心线）、墩台位置在平面和高程位置上符合设计要求的平面控制和高程控制。

1. 平面控制形式

桥梁平面控制测量的目的是测定桥轴线长度并据以进行墩、台位置的放样；同时，也可用于施工过程中的变形监测。

（1）平面控制网布设形式。根据桥梁跨越的河宽及地形条件，平面控制网多布设成图6-1 所示的形式。

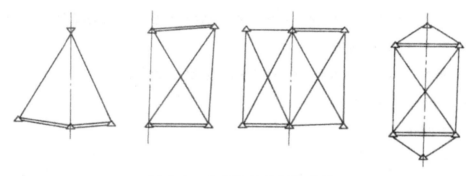

图 6-1　平面控制网布设形式

网型可采用测角网、测边网或边角网。采用测角网时宜测定两条基线，如图 6-1 中的双线所示；测边网是测量所有的边长而不测角度；边角网则是边长和角度都测。一般地，在边、角精度匹配的情况下，边角网的精度较高。

（2）平面控制网的布设要求。

①图形简单、图形强度良好，地质条件稳定，视野开阔，便于交会墩位，其交会角不大于 120°或小于 30°。

②基线应与桥梁中线近似垂直，其长度宜为桥轴线的 70%，困难时也不应小于其 50%。

③桥的轴线作为三角网的一个边，并与基线一端相连。如不可能，也应将桥轴线的两个端点纳入网内。

④曲线桥至少有一个轴线控制点为桥控网的控制点。

⑤在控制点上要埋设标石及刻有"+"字的金属中心标志。如果兼作高程控制点用，则中心标志宜做成顶部为半球状。

（3）平面控制网等级。

①基线精度。测角网时，桥轴线长度及各个边长都是根据基线及角度推算的，为保证轴线有可靠的精度，基线精度要高于桥轴线精度 2~3 倍。

测边网或边角网时，边长是直接测定的，所以不受或少受测角误差的影响，测边的精度与桥轴线要求的精度相当即可。

②坐标系。直线桥以桥轴线作为 x 轴，曲线线桥以切线作为 x 轴，桥轴线始端控制点的里程作为该点的 x。

③插点。在施工时如因机具、材料等遮挡视线，无法利用主网的点进行施工放样时，可以根据主网两个以上的点将控制点加密。这些加密点称为插点。插点的观测方法与主网相同，但在平差计算时，主网上点的坐标不得变更。

2. 高程控制测量

桥位高程控制一般是在道路勘测中的基平测量时已经建立。桥梁施工前，一般还应根据现场工作情况增加施工水准点。

（1）水准基点布设。水准基点布设数量视河宽及桥的大小而异。

小桥，只设 1 个；

桥长≤200m，宜 1 个/岸；

桥长≥200m，宜 2 个/岸。

水准基点是永久性的，必须十分稳固。除了它的位置要求便于保护外，根据地质条件，可采用混凝土标石、钢管标石、管柱标石或钻孔标石。在标石上方嵌以凸出半球状的铜质或不锈钢标志。

（2）施工水准点的布设。为了方便施工，也可在附近设立施工水准点，由于其使用时间较短，在结构上可以简化，但要求使用方便，也要相对稳定，且在施工时不致破坏。

在桥位施工场地附近的所有水准点应组成一个水准网，以便定期检测，及时发现问题。高程控制应采用国家高程基准。

跨河水准测量必须按照国家水准测量规范采用精密水准测量方法进行观测。当跨河距离大于 200m 时，宜采用过河水准法联测两岸的水准点。

跨河点间的距离小于 800 m 时，可采用三等水准测量，大于 800 m 时则采用二等水准测量。

四、桥梁墩台中心的测设

桥梁墩台中心的测设即桥梁墩台定位，是建造桥梁最重要的一项测量工作。测设前，应仔细审阅和校核设计图纸与相关资料，拟订测设方案，计算测设数据。

直线桥梁的墩台中心均位于桥梁轴线上，而曲线桥梁的墩台中心则处于曲线的外侧。直线桥梁墩台中心的测设可根据现场地形条件，采用直接测距法或交会法。在陆地、干沟或浅水河道上，可用钢尺或光电测距方法沿轴线方向量距，逐个定位墩台。如使用全站仪，应事先将各墩台中心的坐标列出，测站可设在施工控制网的任意控制点上（以方便测设为准）。

当桥墩位置处水位较深时，一般采用角度交会法测设其中心位置。如图 5-16 所示，1，2，3 号桥墩中心可以通过在基线 AB，BC 端点上测设角度交会出来。如对岸或河心有陆地可以标志点位，也可以将方向标定出来，以便随时检查。

直线桥梁的测设比较简单，因为桥梁中线（轴线）与道路中线吻合。但在曲线桥梁上梁是直的，道路中线则是曲线，两者不吻合。明确了曲线桥梁构造特点以后，桥墩台中心的测设也和直线桥梁墩台测设一样，可以采用直角坐标法、偏角法和全站仪坐标法等。

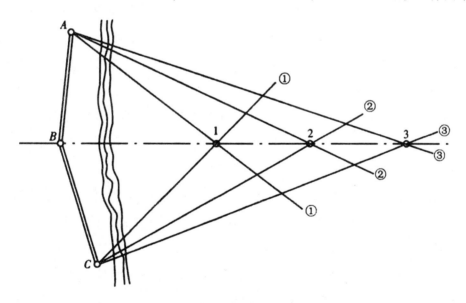

图 6-2　角度交会法测设桥墩

五、桥梁墩台施工测量

桥梁墩台中心定位以后，还应将墩台的轴线测设于实地，以保证墩台的施工。墩台轴线测设包括墩台纵轴线，是指过墩台中心平行于道路方向的轴线；而墩台的横轴线，是指过墩台中心垂直于道路方向的轴线。直线桥墩的纵轴线,即道路中心线方向与桥轴线重合,无须另行测设和标志。墩台横轴线与纵轴线垂直。墩台的纵轴线为墩台中心处与曲线的切线方向平行,墩台的横轴线是指过墩台中心与其纵轴线垂直的轴线。

在施工过程中,桥梁墩台纵、横轴线需要经常恢复,以满足施工要求。为此,纵横轴线必须设置保护桩。保护桩的设置要因地制宜,方便观测。

墩台施工前,首先要根据墩台纵横轴线,将墩台基础平面测设于实地,并根据基础深度进行开挖。墩台台身在施工过程中需要根据纵横轴线控制其位置和尺寸。当墩台台身砌筑完毕时,还需要根据纵横轴线,安装墩台台帽模板、锚栓孔等,以确保墩台台帽中心、锚栓孔位置符合设计要求,并在模板上标出墩台台帽顶面标高,以便灌注。

墩台施工过程中,各部分高程是通过布设在附近的施工水准点,将高程传递到施工场地周围的临时水准点上,然后再根据临时水准点,用钢尺向上或向下测量所得,以保证墩台高程符合设计要求。

六、涵洞测量

涵洞是公路上广泛使用的人工构筑物,通常由洞身、洞口建筑、基础和附属工程组成。洞身是涵洞的主要部分,其截面形式有圆形、拱形和箱形等。涵洞进出口应与路基平顺衔接,保障水流顺畅,使上下游河床、洞口基础和洞侧路基免受冲刷,以确保洞身安全,并形成良好的泄水条件。涵洞基础分为整体式和非整体式两类。附属工程包括锥体护坡、河床铺砌、路基边坡铺砌等。

涵洞放样是根据涵洞设计施工图(表)给出的涵洞中心里程,先放出涵洞轴线与路线中线的交点,然后根据涵洞轴线与路线中线的交角,放出涵洞的轴线方向,最后以轴线为基准,测设其他部分的位置。

当涵洞位于直线形路段上时,依据涵洞所在的里程,自附近的公里桩、百米桩沿路线方向量出相应的距离,即得涵洞轴线与路线中线的交点。如果涵洞位于曲线形路段上时,则用测设曲线的方法定出涵洞轴线与公路中线的交点。

按与公路走向的关系,涵洞分为正交涵洞和斜交涵洞两种,正交涵洞的轴线与路线中线(或其切线)垂直;斜交涵洞的轴线与路线中线(或其切线)不垂直,而成斜交角 φ,φ 与 90° 之差称为斜度 φ。

当定出涵洞轴线与路线中线的交点后,将经纬仪置于该交点上,拨角 90°(正交涵洞)或(90°+θ)(斜交涵洞)即可定出涵洞轴线。涵洞轴线通常用大木桩标定在地面上,在涵洞入口和出口处各 2 个,且应置于施工范围以外,以免施工中被破坏。自交点沿轴线分别量出涵洞上、下游的涵长,即得涵洞口位置,再用小木桩在地面标出。

涵洞基础及基坑边线根据涵洞轴线设定，在基础轮廓线的每一个转折处都要用木桩标定。为了开挖基础，还应定出基坑的开挖边界线。由于在开挖基础时可能会有一些桩被挖掉，所以需要时可在距基础边界线 1.0~1.5 m 处设立龙门板，然后将基础及基坑的边界线用垂球线将其投测在龙门板上，再用小钉标出。在基坑挖好后，再根据龙门板上的标志将基础边线投放到坑底，作为砌筑基础的根据。

基础建成后，进行管节安装或涵身砌筑过程中各个细部的放样，仍应以涵洞轴线为基准进行。这样，基础的误差不会影响到涵身的定位。

涵洞各个细部的高程，均根据附近的水准点用水准测量方法测设。对于基础面纵坡的测设，当涵洞顶部填土在 2m 以上时，应预留拱度，以便路堤下沉后仍能保持涵洞应有的坡度。根据基坑土壤压缩性不同，拱度一般在 50/H 和 80/H（H 为道路中心处涵洞流水槽面到路基设计高度的填土厚度）之间变化，对砂石类低压缩性土壤可取用小值；对黏土、粉砂等高压缩性土则应取用大值。

第三节　隧道施工测量

一、隧道平面和高程控制测量

隧道施工测量工作先在地面上建立平面控制网与高程控制网；随着施工的进展，将地面上的坐标、方向和高程传递到地下，在地下进行平面与高程的控制测量，再根据地下控制点进行施工放样，指导开挖、衬砌施工。进行这些测量工作的目的，就是要在地下标定出工程的设计中心线与高程，为开挖、衬砌指定出方向、位置；保证在两个相向开挖面的掘进中，施工中线及高程能够正确贯通，符合设计要求；保证开挖不超过规定界限。

因为隧道是整个道路的一部分，所以当线路定测以后，隧道两端洞口的位置就确定下来，并用标桩固定在地面上。

隧道中线上各点的坐标都是根据地面控制网的坐标系统计算的。以后根据施工的进展，将地面上的坐标系统通过洞口、竖井或斜井传递到地下，在地下坑道中再用导线测量方法建立地下控制系统。隧道中线上各点的位置以及地下其他各种建筑物的位置，都根据地下控制点以及由它们的坐标所算得的放样数据进行放样。应用这种放样方法时，由于布设了地面和地下控制网，可以控制误差的积累，从而保证贯通精度。

（一）隧道贯通测量的要求

1. 贯通误差的定义和分类

在隧道施工中，由于地面控制测量、联系测量、地下控制测量以及细部放样的误差，使得两个相向开挖的工作面的施工中线不能理想地衔接，而产生错开现象，即所谓的贯通误差。

（1）纵向贯通误差。贯通误差在线路中线方向的投影长度称为纵向贯通误差（简称纵向误差）。

（2）高程贯通误差。贯通误差在高程方向的投影长度称为高程贯通误差（简称高程误差）。

（3）横向贯通误差。贯通误差在垂直于中线方向的投影长度称为横向贯通误差（简称横向误差）。

在实际工程中，最重要的贯通误差是横向误差。因为横向误差如果超过了一定的范围，就会引起隧道中线几何形状的改变，甚至洞内建筑物侵入规定界限而使已衬砌部分拆除重建，给工程造成损失。

2. 各项贯通误差的允许数值

（1）横向误差规定。当两相向开挖的洞口间长度为 4km 及 4km 以下时为 100 mm（即中误差为±50 mm），在 4~8 km 时为 150 mm（即中误差为±75 mm），在 8km 以上时应根据现有的测量水平另行酌定。

（2）高程误差规定。对于高程误差规定不超过±50 mm（即中误差为±25mm）。

（3）纵向误差规定。对于纵向误差的限值，一般都不做明确规定，如果按照定测中线的精度要求，则应小于隧道长度的 1/2000。

3. 贯通误差的分配

贯通误差的分配基础是将地面控制测量的误差作为影响隧道贯通误差的一个独立因素，而将地下两相向开挖的坑道中导线测量的误差各作为一个独立因素。设隧道总的横向贯通误差的允许值为 Δ，则得地面控制测量的误差所引起的横向贯通中误差的允许值为 m_q，设用地下导线测得的工作面处控制点坐标相对于支导线在洞口之起始点有横向误差 m_1，用地面控制网联测两洞口两点坐标的相对横向误差为 m_2。则有

$$\Delta^2 = 2m_1^2 + m_2^2 = 3m_q$$

$$m_q = \pm\frac{\Delta}{\sqrt{3}} = \pm 0.58\Delta$$

对于通过竖井开挖的隧道，考虑到两个竖井定向的误差，公式为

$$\Delta^2 = 2m_1^2 + m_2^2 + 2m_3^2 = 5m_q$$

$$m_q = \pm \frac{\Delta}{\sqrt{5}} = \pm 0.45\Delta$$

设隧道总的高度贯通中误差的允许值为 Δ_h，则地面水准测量的误差所引起的高程贯通中误差的允许值为

$$m_h = \pm \frac{\Delta_h}{\sqrt{2}} = \pm 0.71\Delta_h$$

（二）地面控制测量的误差对于隧道贯通误差的影响

隧道施工控制网的主要作用是保证地下相向开挖工作面能正确贯通。它们的精度要求，主要取决于隧道贯通精度的要求、隧道长度与形状、开挖面的数量以及施工方法等。

1. 导线测量隧道贯通误差的简明估算

（1）由于导线测角误差而引起的横向贯通误差为

$$m_{y\beta} = \pm \frac{m_\beta''}{\rho} \sqrt{\sum R_s^2}$$

式中 m_β'' ——导线测角的中误差，以秒计算；

　　$\sum R_x^2$ ——测角的各导线点至贯通面的垂直距离的平方和。

（2）由于导线量边误差而引起的横向贯通误差为

$$m_{yl} = \pm \frac{m_l}{l} \sqrt{\sum d_y^2}$$

式中 $\dfrac{m_l}{l}$ ——导线边长的相对中误差；

　　$\sum d_y^2$ ——各导线边在贯通面上投影长度平方的总和。

即得导线测量的总误差在贯通面上所引起的横向中误差为

$$m = \pm \sqrt{m_{y\beta}^2 + m_{yl}^2}$$

$$= \pm \sqrt{\left(\frac{m_\beta''}{\rho}\right)^2 \sum R_x^2 + \left(\frac{m_l}{l}\right)^2 \sum d^2}$$

2. 控制网的隧道贯通误差严密算法

（1）列出地下导线起始点横坐标误差函数式和地下导线起始方位角误差函数式，计算它们对横向贯通的综合影响，作为总的误差函数式。

（2）按最小二乘法，顾及具体网形，计算该函数式误差的大小。

二、地面控制网的布设方案及布测精度

1. 洞口投点

隧道洞外的控制测量，应在施工开始前布测。平面控制网可以结合隧道的长度和平面形状以及路线通过地区的地形情况，采用三角测量、三边测量、边角测量、导线测量、GPS 测量。目前更多的是采用导线测量和 GPS 测量，三角测量、三边测量、边角测量已较少采用。

无论采用何种方法施测隧道控制网，在隧道的每一个入口处，都要布测一个控制点，该点也可以是加密点，这些点称为洞口投点。为了使洞内导线有起始方向和检测校核方向，在每个洞口还应至少再布测两个控制点，并且与洞口投点相互通视，与洞口投点的高差不宜过大。

2. 隧道三角测量布设精度

在《铁路工程测量规范》中列出了各等级三角形网测量的技术要求，如表 6-3 所示。

表 6-3　三角形网测量的技术要求

等级	测角中误差/″	三角形最大闭合差/″	测边相对中误差	最弱边边长相对中误差	测回数		
					0.5″级仪器	1″级仪器	2″级仪器
二等	1.0	≤3.5	1/250000	1/120000	6	9	—
三等	1.8	≤7.0	1/150000	1/70000	4	6	9
四等	2.5	≤9.0	1/80000	1/40000	2	4	6

3. 地面导线测量精度

对于采用地面导线测量作为隧道独立的施工控制网，《铁路工程测量规范》对导线测量的技术要求做了表 6-4 中的规定。

表 6-4　导线测量的技术要求

等级	测距相对中误差	测角中误差/″	导线全长相对闭合差	方位角闭合差/″	测回数			
					0.5″级仪器	1″级仪器	2″级仪器	6″级仪器
二等	1/250000	1	1/100000	$\pm 2.0\sqrt{n}$	6	9	—	—

等级	测距相对中误差	测角中误差/"	导线全长相对闭合差	方位角闭合差/"	测回数			
					0.5"级仪器	1"级仪器	2"级仪器	6"级仪器
三等	1/150000	1.8	1/55000	$\pm 3.6\sqrt{n}$	4	6	10	—
四等	1/80000	2.5	1/40000	$\pm 5\sqrt{n}$	3	4	6	—
一级	1/40000	4	1/20000	$\pm 8\sqrt{n}$	—	2	2	—
二级	1/15000	8	1/10000	$\pm 16\sqrt{n}$	—	—	1	3
注：表中 n 为测站数。								

4. 地面 GPS 测量隧道控制网布测精度及要求

（1）控制网应由洞口子网和子网间的联系网组成（表6-5）。洞口子网布设的控制点不得少于三个，其中至少一个点应为洞口投点。

表6-5　GPS 控制测量作业的基本技术要求

等级 / 项目		特等	一等	二等	三等	四等	五等
静态测量	GPS 高度角/°	≥15	≥15	≥15	≥15	≥15	≥15
	同时观测有效卫星数	≥4	≥4	≥4	≥4	≥4	≥4
	时段长度/min	≥240	≥120	≥90	≥60	≥45	≥40
	观测时段数	≥4	≥2	≥2	1~2	1~2	1
	数据采样间隔/s	15~60	15~60	15~60	15~60	15~60	15~60
	P DOP 或 G DOP	≤6	≤6	≤6	≤8	≤10	≤10
快速静态测量	GPS 高度角/°	—	—	—	—	≥15	≥15
	有效卫星总数	—	—	—	—	≥5	≥5
	观测时间/min	—	—	—	—	5~20	5~20
	平均重复设站数	—	—	—	—	≥1.5	≥1.5
	数据采样间隔/s	—	—	—	—	5~20	5~20
	PDOP（GDOP）	—	—	—	—	≥7（8）	≥7（8）
注：平均重复设站数≥1.5 是指至少有 50%的点设站 2 次。								

（2）布测洞口控制网时，洞口投点应布测在已定测的中线上，并要考虑洞内引测的实际需要。洞口子网每个控制点至少应与子网的其他两个控制点通视。

（3）子网可布设成大地四边形、三角形的形状。子网之间的联系网最好布置成大地四边形的形状。

（4）洞外与洞内测量连接边的边长应大于 300 m，连接边的两端控制点宜布置在与洞口高程基本等高的地方，连接边的高度角不应大于 5°，且与线路中线大致平行为最佳位置。

（5）为了与原测控制网比较，复测网应具有与原网相同基准的平差结果。

（6）设计隧道工程坐标系的原则。

①坐标投影面为隧道施工平均高程面。

②高斯投影中央子午线应过测区的重心。

③各个隧道以隧道主轴线为 X 轴的施工坐标系，可由高斯平面直角坐标系平移和旋转一个角度得到，旋转角即隧道主轴线的方位角，平移量要根据隧道的具体位置确定。

（7）GPS 隧道平面控制网的布网精度。

（8）与国家网联测。如果测区附近有国家点，GPS 网应与国家点联测。选测区内一个点，将联测结果转换为 WGS84 三维坐标，作为 GPS 基线网平差的起算点。如果联测国家点很困难，可以选择测区内的稳定点连续观测 12 小时，取其单点定位 WGS84 三维坐标的均值作为基线网平差起算数据。用七参数法将 WGS84 坐标转换成北京 54 坐标，然后用高斯投影求得各控制点概略北京 54 平面坐标。但应建立隧道独立施工坐标系，控制隧道施工。

进行地面水准测量时，利用线路定测水准点的高程作为起始高程，沿水准路线在每个洞口至少应埋设两个水准点。水准路线应形成闭合环，或者敷设两条互相独立的水准路线，由已知的水准点从一端洞口测至另一端的洞口。

三、进洞关系地下导线测量

地下导线测量的目的是以必要的精度，按照与地面控制测量统一的坐标系统，建立地下的控制系统。根据地下导线的坐标，就可以放样出隧道中线及其衬砌的位置，指出隧道开挖的方向，保证相向开挖的隧道在所要求的精度范围内贯通。

地下导线的起始点通常设在隧道的洞口、平坑口或斜井口，而这些点的坐标是由地面控制测量测定的。

1. 地下导线测量的特点

隧道施工过程中所进行的地下导线测量，与一般地面上的导线测量相比较，具有以下一些特点：

（1）地下导线随着隧道的开挖而向前延伸，因此，只能敷设支导线一次测完。支导线只能用重复观测的方法进行检核。此外，导线是在隧道施工过程中进行，测量工作时断时续，所隔时间的长短，取决于开挖面的进展速度。

（2）导线在地下开挖的坑道内敷设，因此其形状（直伸或曲折）完全取决于坑道的形状，没有选择的余地。

（3）先敷设精度较低的施工导线，然后敷设精度较高的基本导线。

布设地下导线时，应考虑在贯通面处，其横向误差不能超过容许的数值。另外应考虑到地下导线点的位置应保证在隧道内能以必要的精度进行放样。这两个要求彼此矛盾的，第一个要求布测长边导线；第二个要求导线点应有一定的密度，其边长应较短。

2. 地下导线分类

在隧道建设中，通常采用分级布设的方法，通常有下列三种导线：

（1）施工导线。在开挖面向前推进时，用以进行放样而指导开挖的导线，一部分施工导线的点将作为以后敷设基本导线的点，施工导线的边长为 25~50 m。

（2）基本导线。当掘进 100~300 m 时，为了检查坑道的方向是否与设计相符合，就要选择一部分施工导线点敷设边长较长（50~100 m）、精度要求较高的基本导线。

（3）主要导线。当坑道掘进大于 1 km 时，基本导线将不能保证应有的贯通精度，这时就要选择一部分基本导线点来敷设主要导线，主要导线的边长为 150~180 m。为了改善通视条件，主要导线点应尽量靠近隧道中线。

在隧道施工中，有时只敷设施工导线与基本导线。只有当洞口间的距离过长，基本导线不能保证必要的贯通精度时，才布设主要导线。导线测量选点时，除应考虑导线点前后通视外，还应考虑有安设全站仪的条件，尽可能不妨碍运输车来往。导线点应选在顶板或底板岩石坚固的地方，工作安全，无滴水又便于点的保存。为了今后导线的扩展，在坑道交叉处应埋设导线点。最后一个导线点离开工作面不应过大。

因为地下导线布设成支导线的形式，而且每测一个新点，中间要隔一段时间，这就需要每次测定新点时，对以前的点进行检核测量。根据检核测量的结果，如果证明标志没有发生变动，将各次观测结果取平均值；如果证明标志有变动，则应根据最后一次观测的结果进行计算。

当隧道中的导线与横向坑道相遇，须将隧道中与横向坑道中的导线连接起来形成闭合导线，重新测量、平差求得新的坐标。

当隧道全部贯通之后，为了最后确定隧道中线位置，应将地下导线重新进行观测，形成附合导线，求得新的坐标。

四、地下水准测量

地下水准测量的目的，是在地下建立一个与地面统一的高程系统，以作为隧道高程施工放样的依据，保证隧道在竖向正确贯通。

地下水准测量以洞口水准点的高程为起算数据。

地下水准测量有以下特点：

（1）水准线路一般与地下导线测量的线路相同。在隧道贯通之前，地下水准线路均为支线，因而需要往返观测及多次观测进行检核。

（2）通常利用地下导线点作为水准点。有时还可将水准点埋设在顶板、底板或边墙上。

（3）在隧道的施工过程中，地下水准线路随着开挖面的进展而增长，为满足施工放样的要求，一般先测设较低精度的临时水准点（设在施工导线点上），然后测设较高精度的永久水准点，永久水准点的间距一般以 200~500 m 为宜。

（4）地下水准测量常使用倒尺法传递高程，此时高差计算仍然采用

$$h = a - b$$

但对于倒尺的读数应作为负值代入公式。

（5）在工作面向前推进的过程中，对于所敷设的水准支线要进行往、返测，不符值应小于规定的限差值。

（6）要定期复测，若点稳定，取均值；若点不稳定，取最近一次观测值。

（7）隧道贯通后，用两相向水准支线求得高程贯通误差，然后和洞外水准合拼组成水准闭合线路，经平差求得各点高程。

此外，隧道施工测量还包含隧道开挖中的测量工作、隧道贯通误差的测定与调整、竖井联系测量等内容，篇幅所限，这里不再过多介绍。

参考文献

［1］张志国，刘亚飞. 土木工程施工组织［M］. 武汉：武汉大学出版社，2018. 09.

［2］应惠清. 土木工程施工·第3版［M］. 上海：同济大学出版社，2018. 05.

［3］师卫锋. 土木工程施工与项目管理分析［M］. 天津：天津科学技术出版社，2018. 06.

［4］杨红霞. 土木工程测量［M］. 武汉：武汉大学出版社，2018. 01.

［5］张福荣. 工程测量基础［M］. 成都：西南交通大学出版社，2018. 08.

［6］张红，彭春山. 建筑工程测量［M］. 北京：中央民族大学出版社，2018. 06.

［7］王淑红，寸江峰. 建筑工程测量［M］. 北京：北京理工大学出版社，2018. 01.

［8］陈祥生，俞开元. 现代项目管理与土木施工技术研究［M］. 哈尔滨：哈尔滨工程大学出版社，2019. 07.

［9］卜良桃，曾裕林，曾令宏. 土木工程施工［M］. 武汉：武汉理工大学出版社，2019. 11.

［10］续晓春. 土木工程施工组织［M］. 北京：北京理工大学出版社，2019. 02.

［11］刘莉萍，刘万锋. 土木工程施工与组织管理［M］. 合肥：合肥工业大学出版社，2019. 03.

［12］张亮著，任清著，李强. 土木工程建设的进度控制与施工组织研究［M］. 郑州：黄河水利出版社，2019. 05.

［13］周合华. 土木工程施工技术与工程项目管理研究［M］. 文化发展出版社，2019. 06.

［14］杨红，胡璇. 市政工程测量［M］. 上海：上海交通大学出版社，2019. 01.

［15］邓鑫洁，唐开荣. 工程测量实训手册［M］. 成都：西南交通大学出版社，2019. 08.

［16］张一凡. 工程测量技术研究［M］. 中国原子能出版社，2019. 01.

［17］黄声享，高飞. 土木工程测量［M］. 武汉：武汉大学出版社，2019. 03.

［18］茹利. 工程测量技术［M］. 郑州：黄河水利出版社，2019. 08.

［19］谷达华，周玉卿. 园林工程测量［M］. 重庆：重庆大学出版社，2019. 02.

［20］覃辉，马超，朱茂栋. 土木工程测量·第 5 版［M］. 上海：同济大学出版社，2019. 01.

［21］闫继臣，田德宇. 建筑工程测量［M］. 哈尔滨：东北林业大学出版社，2019. 04.

［22］郭正兴. 土木工程施工［M］. 南京东南大学出版社，2020. 12.

［23］陈大川. 土木工程施工技术［M］. 长沙：湖南大学出版社，2020. 06.

［24］殷为民，杨建中. 土木工程施工·第 2 版［M］. 武汉：武汉理工大学出版社，2020. 06.

［25］苏德利. 土木工程施工组织［M］. 武汉：华中科技大学出版社，2020. 07.

［26］陶杰，彭浩明，高新. 土木工程施工技术［M］. 北京：北京理工大学出版社，2020. 08.

［27］章慧蓉. 土木工程施工生产实习指导［M］. 北京：冶金工业出版社，2020. 04.

［28］袁荣才，兰进京，胡圣武. 土木工程测量学［M］. 西安：西安地图出版社，2020. 06.

［29］徐广舒，陈向阳，胡颖. 土木工程测量［M］. 北京：北京理工大学出版社，2020. 07.

［30］唐业茂，郑焰. 建筑工程测量·第 2 版［M］. 武汉：武汉大学出版社，2020. 09.

［31］张泽平. 土木工程施工［M］. 天津：天津科学技术出版社，2021. 01.

［32］徐伟. 土木工程施工［M］. 武汉：武汉理工大学出版社，2021. 02.

［33］胡利超，高涌涛. 土木工程施工［M］. 成都：西南交通大学出版社，2021. 07.

［34］郭霞，陈秀雄，温祖国. 岩土工程与土木工程施工技术研究［M］. 文化发展出版社，2021. 05.

［35］杨胜炎. 建筑工程测量［M］. 北京：北京理工大学出版社，2021. 01.

［36］周拥军，陶肖静，寇新建. 现代土木工程测量［M］. 上海：上海交通大学出版社，2021. 11.

［37］王晓军，康荔，姚光飞. 工程测量学［M］. 哈尔滨：哈尔滨工业大学出版社，2021. 10.

［38］杜向琴. 土木工程施工组织与管理［M］. 北京：北京理工大学出版社，2022. 07.

［39］殷为民，张正寅. 普通高等教育土木工程专业十四五规划教材·土木工程施工组织·第 2 版［M］. 武汉：武汉理工大学出版社，2022. 01.